数智化时代
会计专业融合创新系列教材

U0722399

大数据技术应用基础

Python版

主 编◎史耀雄 赵 萍

副主编◎曹文书 贺 芸

人民邮电出版社

北 京

图书在版编目（CIP）数据

大数据技术应用基础：Python版 / 史耀雄，赵萍主编. -- 北京：人民邮电出版社，2025. --（数智化时代会计专业融合创新系列教材）. -- ISBN 978-7-115 -67208-7

Ⅰ. TP312.8

中国国家版本馆 CIP 数据核字第 2025FT6918 号

内 容 提 要

本书专注于介绍 Python 基础理论及其初级应用，旨在帮助零编程基础的读者快速具备运用 Python 高效解决实际问题的能力。本书共 6 个项目，从大数据基础与工具选择、安装等入手，由浅入深地讲述 Python 的基础语法、数据类型应用（包括列表、元组、字典、集合等）、流程控制（涵盖条件语句、循环语句及其嵌套应用）等知识，并且详细介绍常用函数与模块在财务数据处理与可视化中的具体应用。

本书结构清晰、内容精练，集理论与实践于一体，是一本简单易学的大数据技术应用入门教材，适合应用型本科院校和高等职业院校财会类专业的学生使用，也可供企业财务人员参考。

◆ 主　　编　史耀雄　赵　萍
　　副主编　曹文书　贺　芸
　　责任编辑　崔　伟
　　责任印制　王　郁　彭志环
◆ 人民邮电出版社出版发行　　北京市丰台区成寿寺路 11 号
　　邮编　100164　　电子邮件　315@ptpress.com.cn
　　网址　https://www.ptpress.com.cn
　　北京隆昌伟业印刷有限公司印刷
◆ 开本：787×1092　1/16
　　印张：11.75　　　　　　　　2025 年 7 月第 1 版
　　字数：280 千字　　　　　　 2025 年 7 月北京第 1 次印刷

定价：49.80 元

读者服务热线：(010)81055256　印装质量热线：(010)81055316
反盗版热线：(010)81055315

前　言

随着大数据时代的到来，各行各业都面临着前所未有的机遇与挑战。党的二十大报告明确提出："加快发展数字经济，促进数字经济和实体经济深度融合，打造具有国际竞争力的数字产业集群。"这不仅是对未来发展方向的明确指示，也是对各行各业运用大数据技术抢占未来发展制高点的客观要求。在财务领域，管理者需要面对如何有效获取和分析海量数据，并据此支持经营决策的问题。Python 作为一门强大的编程语言，以丰富的数据采集、分析、可视化及预测等功能，成为帮助企业提高财务管理水平、推动企业发展不可或缺的工具。

本书旨在帮助读者系统地学习 Python 基础语法并掌握 Python 在财务大数据领域的基础应用，通过财务领域案例介绍 Python 及大数据分析的基础理论、流程和应用技巧，激发读者的学习兴趣。

本书特点如下。

1. 知识讲授与价值引领融合，素养培育与能力提升并重

本书在扎实构建财务大数据处理技能框架的同时，强调培育学生的职业责任感与社会使命感。通过精心设计的教学内容，引导学生树立正确的职业价值观与社会发展观，使其在掌握技术的同时，成为有担当、有远见的财务数据分析人才。

2. 理论实践双轮驱动，学以致用

本书采用"理实一体"教学模式，不仅系统阐述大数据在财务领域的基本理论与发展趋势，还详细介绍 Python 的理论基础，更通过丰富的实战案例与具体的应用演练，让学生在实际操作中深刻理解相关理论和原理，强化实操技能，有效促进学习成果的即时运用。

3. 编写体例创新，聚焦实战应用

本书精选 137 个财务工作示例和 11 个综合应用案例，深入浅出地介绍 Python 的基础语法、数据类型及运算、流程控制和函数等，实现财务数据从采集、清洗、分析到可视化的处理过程。每个案例都配以详细的语句说明和操作指导，同时总结性地设置点石成金、职场新动态等环节，促进学练结合，让学生了解行业趋势，提升解决实际问题的能力。

4. 紧跟前沿技术，凸显产教融合理念

本书采用校企合作、"双元"开发的模式编写，结合企业工作要求，选用当下使用频率较

高的数据分析工具，带领学生了解新技术，掌握高效的数据分析技能，为未来的职业发展奠定坚实基础。

本书教学资源丰富，提供教学课件、教案、教学大纲、案例数据、案例源代码、习题答案等，用书教师可以登录人邮教育社区（www.ryjiaoyu.com）下载使用。

本书由石家庄财经职业学院史耀雄和辽宁金融职业学院赵萍担任主编，石家庄财经职业学院曹文书和河北唐讯信息技术股份有限公司贺芸担任副主编，北京积水潭医院财务处张雪参与编写。

由于编者水平有限，书中难免存在不足之处，欢迎各位读者指正。

编者

2025 年 3 月

目 录

项目一

走进异彩纷呈的大数据世界

学习目标

知识目标

◆ 理解大数据的特征、分类，掌握大数据分析流程，认识常用的大数据分析工具

◆ 了解 Python 的诞生、发展及其语言特点和常见应用方向

技能目标

◆ 掌握 Python 开发环境的搭建方法，能够根据需要下载安装 Python、PyCharm 及 Anaconda 等工具

◆ 理解交互式、脚本式运行 Python 程序的步骤和方法

素养目标

◆ 培养持续学习能力与创新能力，不断提升职业素养

◆ 培养跨学科思维，提升知识应用能力

内容框架

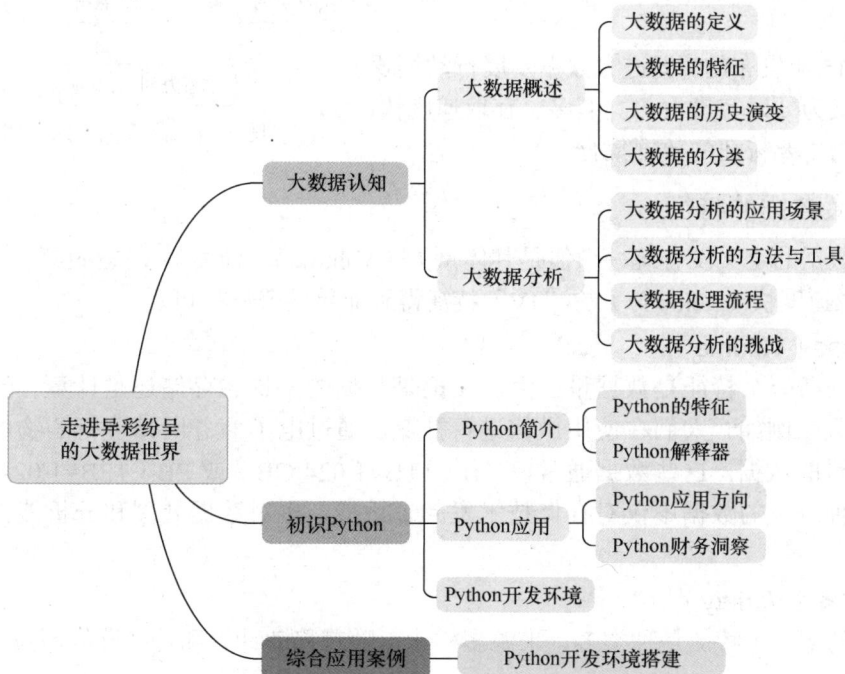

砥志研思

随着大数据时代的到来，各行各业都面临着新的机遇和挑战。在财务领域，企业管理者承担着获取海量数据、进行精准分析、支持经营决策的重要任务。Python 以其强大的数据采集、分析、可视化及预测功能，能够较好地满足企业数据分析实时性和精准性要求，帮助企业提高财务精细化管理水平，推动企业在市场中的良好运行和发展。

【关键词】大数据技术　数字经济　Python 应用

任务一　大数据认知

一、大数据概述

（一）大数据的定义

人们通常用大数据（Big Data）来描述信息爆炸时代产生的海量信息。大数据最早在统计领域应用，并在计算机通信领域引发了一场革命，随后蔓延至经济、社会、科学、环境等各个领域，并成为现代国家发展战略的重要组成部分。

目前尚未有权威机构对大数据的概念进行统一界定，因此大数据的定义存在多个版本。亚马逊的大数据科学家约翰·劳泽（John Rauser）认为大数据就是任何无法被一台计算机处理的庞大数据。管理咨询公司麦肯锡（Mckinsey）认为大数据是指无法在一定时间内用传统数据库软件工具对其内容进行采集存储、管理和分析的数据集合。如图 1-1 所示，IT 调研与咨询服务公司高德纳（Gartner）认为大数据是需要新处理模式才能具有更强决策力、洞察力和流程优化能力的海量和多样化的信息资产。大数据迫使用户采用非传统处理方法处理超出正常处理范围及大小的数据集，可提高数据使用者的最终决策力。

我国 2015 年发布的《促进大数据发展行动纲要》将大数据定义为"以容量大、类型多、存取速度快、应用价值高为主要特征的数据集合"。

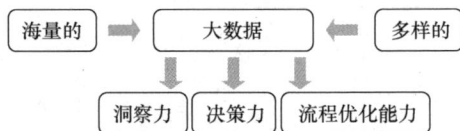

图 1-1　高德纳对大数据的定义

（二）大数据的特征

虽然大数据的定义没有统一，但是其体量大（Volume）、种类多（Variety）、价值密度低（Value）以及速度快（Velocity）的"4V"特征得到业界的普遍认可。

1. 体量大（Volume）

大数据的第一个特征是数据量巨大。无论是数据的采集、存储还是计算，涉及的数据量都非常庞大。例如，人们在使用微信进行社交、通过电子商务网站进行购物的每时每刻都在产生大量的数据。这些数据通常以 TB（1TB=1 024 GB）或 PB（1PB=1 024 TB）为计量单位。这种海量的数据不仅对存储技术发起了挑战，也对数据处理和分析能力提出了更高的要求。

2. 种类多（Variety）

大数据的第二个特征是种类多，来源多样化。随着移动计算和传感器等新技术的广泛应用，数据的来源变得极为丰富。网络日志、音频、视频、图片、地理位置信息等都是大数据的重要组成部分。多样的数据类型不仅增加了数据处理的复杂性，也为数据分析提供了更多的视角和机会。

3. 价值密度低（Value）

大数据的第三个特征是数据的价值密度低。尽管互联网和物联网的广泛应用使信息无处不在，且信息量极大，但真正有价值的信息却隐藏在大量的数据之中。如何结合业务逻辑并通过强大的机器学习算法来挖掘数据的价值，是大数据时代面临的最大挑战之一。企业需要高效的数据分析工具和方法，才能从海量数据中提炼出有用的信息，支持决策和创新发展。

4. 速度快（Velocity）

大数据的第四个特征是数据的产生和处理速度快。大数据的交换和传播主要通过互联网和云计算等技术实现，远比传统媒介的信息交换和传播速度快得多。数据的增长速度和处理速度是大数据高速性的重要体现。例如，社交媒体平台上的实时数据流、金融市场里的高频交易数据等，都需要实时处理和分析，以及时做出反应和决策。

这 4 个特征共同定义了大数据的核心特点。"体量大"意味着需要高效的数据存储和处理技术；"种类多"要求具备处理多种类型数据的能力；"价值密度低"促使先进数据分析方法的开发；"速度快"则强调实时性即响应速度快的重要性。这些特征不仅对数据处理技术和工具提出了新的要求，也为企业和个人带来了巨大的机遇和挑战。

除了业界普遍认同的 4V 特征外，大数据还具有如下特征。

1. 准确性（Veracity）

数据的准确性是大数据的重要特征之一。高准确性的数据是进行有效分析和决策的基础。如果数据本身是虚假的或不准确的，那么基于这些数据得出的结论很可能是错误的，甚至是与实际情况相反的。因此，确保数据的准确性是大数据应用中的关键任务。例如，在金融交易中，交易数据的准确性至关重要，任何错误的数据都可能导致严重的财务损失。

2. 变化性（Variability）

大数据往往是动态变化的，尤其面对实时场景。变化速度，也从以前的秒级，变成了现在的毫秒级，甚至更短。这就要求大数据系统和技术必须能够适应这个动态变化的特性。同时，在不同的场景和研究目标下，数据的结构和意义可能会发生变化。因此，在实际研究中，需要根据具体的应用场景和目标选择合适的数据资源。例如，社交媒体平台上的用户生成内容在不同的时间段和事件背景下可能具有不同的意义。

3. 波动性（Volatility）

大数据中常常包含大量的噪音、异常值和错误。这些负面因素可能随时间变化，导致数据质量出现明显波动，影响数据的有效期及保留期限，即有些数据可能只在特定时间段内有用，之后就需要被安全地删除或归档。因此，在大数据应用过程中，需要注意这一特征，选择多种工具进行分析和验证，以提高结果的可靠性和准确性。

4. 可视化（Visualization）

在大数据环境中，通常采用可视化工具来更加直观地阐释数据的意义，帮助用户更好地理解数据，解释分析结果。

数据可视化可以将复杂的数字和统计结果转换为图表等形式，使数据更容易被理解和解读。例如，地理信息系统（Geographic Information System，GIS）中的地图可视化工具可以帮助城市规划师直观地展示人口密度、交通流量等数据，从而优化城市规划。企业也常用数据可视化工具（如 Tableau、Power BI 等）来展示销售数据、客户行为等关键指标，帮助管理层快速做出决策。

图 1-2 所示为大数据的 8V 特征。

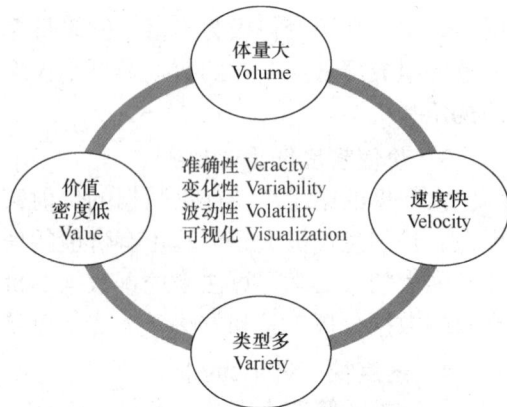

图 1-2　大数据的 8V 特征

（三）大数据的历史演变

大数据技术的发展总体上可以划分为 4 个阶段：萌芽期、成长期、爆发期和稳步发展期。

1. 萌芽期（1980—2008 年）

在这个时期，大数据术语被提出，相关技术概念得到一定程度的传播，但没有得到实质性发展。同一时期，随着数据挖掘理论和数据库技术的逐步成熟，一批商业智能工具和知识管理技术开始被应用。1980 年，未来学家托夫勒在其所著的《第三次浪潮》一书中首次提出"大数据"一词，将大数据称赞为"第三次浪潮的华彩乐章"。2008 年 9 月，《自然》杂志推出了"大数据"封面专栏。

2. 成长期（2009—2012 年）

在这个时期，大数据市场迅速成长，互联网数据呈爆发式增长，大数据技术逐渐被大众熟悉和使用。2010 年 2 月，肯尼斯·库克尔在《经济学人》上发表了长达 14 页的大数据专题报告《数据，无所不在的数据》。2012 年，牛津大学教授维克托·迈尔·舍恩伯格的著作《大数据时代》开始在我国风靡，推动了大数据在我国的发展。

3. 爆发期（2013—2015 年）

在这个时期，大数据迎来了发展的高潮，世界各个国家纷纷布局大数据战略。2013 年，以百度、阿里、腾讯为代表的国内互联网公司各显身手，纷纷推出创新性的大数据应用。2015 年 9 月，国务院发布《促进大数据发展行动纲要》，全面推进我国大数据发展和应用，进一步提升创业创新活力和社会治理水平。

4. 稳步发展期（2016 年至今）

大数据应用渗透到各行各业，大数据价值不断凸显，数据驱动决策和社会智能化程度大幅提高，大数据产业迎来快速发展和大规模应用实施。2019 年 5 月，《2018 年全球大数据发展分析报告》显示，中国大数据产业发展和技术创新能力有了显著提升。

（四）大数据的分类

大数据可以根据其组织方式和存储格式分为 3 类：结构化数据、非结构化数据和半结构化数据。每种类型的数据都有其特点和应用场景。

1. 结构化数据

结构化数据指以关系数据库表形式管理的，以固定格式存储、访问和处理的数据。这类数据的特点是具有明确的字段和记录，易于查询和处理。例如，传统的结构查询语言（Structure Query Language，SQL）数据库（如 MySQL）中的数据，通常以行和列的形式存储，每一行代

表一条记录，每一列代表一个属性。这种格式使得结构化数据非常适合用于事务处理和数据分析，因其可以通过标准的 SQL 语句轻松地完成检索、更新和删除。

2. 非结构化数据

非结构化数据指数据结构无规则或不完整，没有预定义的数据模型，不方便用数据库二维表来表示的数据。非结构化数据一般字段长度可变，每个字段的记录又由可重复或不可重复的子字段构成，如文本、图像、声音、网页、视频等。

非结构化数据的特点是其内容和格式多种多样，无法直接进行结构化的查询和处理。由于缺乏统一的格式，处理非结构化数据通常需要使用自然语言处理（Natural Language Processing，NLP）、图像识别等高级技术来提取有价值的信息。

3. 半结构化数据

半结构化数据介于结构化数据和非结构化数据之间，指非关系模型的、有基本固定结构模式的数据，一般数据结构和数据内容混杂在一起，没有明显的区别，如 XML（Extensible Markup Language，可扩展标记语言）文档就是典型的半结构化数据。这类数据虽然有一定的结构，但并不完全遵守关系数据库的严格格式。通常包含标签或分隔符，用来帮助解析数据的内容，数据的整体结构不如结构化数据那样固定。半结构化数据虽然没有固定的表结构，但仍然可以通过特定的解析工具和方法来读取与处理，因此在 Web 服务、配置文件、日志文件等方面得到广泛应用。

图 1-3 所示为结构化数据、半结构化数据和非结构化数据的特征示意图。

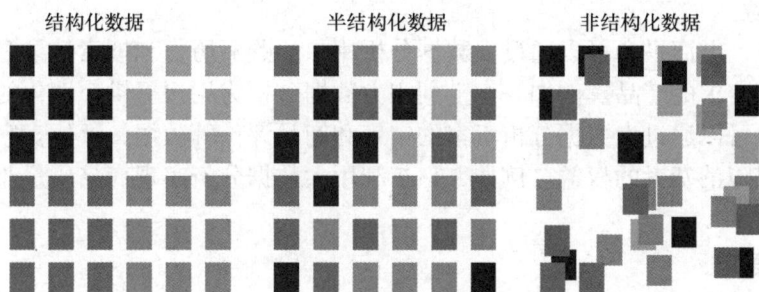

图 1-3　3 类数据结构特征

数据结构不同，适用的大数据处理与分析的场景与工具也有所不同。结构化数据适合用于需要高效查询和处理事务的场景；非结构化数据则适用于需要深度分析和挖掘内容的场景；而半结构化数据则在保持一定灵活性的同时，提供比非结构化数据更方便的处理方式。

📖 **扩展阅读**

大数据的 3 个层次

认识大数据，要掌握资源、技术和应用 3 个层次。

大数据是蕴含大量行业相关战略信息的重要资源；处理大数据需采用新型计算架构和智能算法等；大数据的应用强调将新的理念应用于辅助决策、发现新的知识，更强调对在线闭环的业务流程进行优化。因此，大数据不仅"大"，而且"新"，是新资源、新工具和新应用的综合体。

二、大数据分析

大数据分析是指使用各种技术、工具来收集、处理和分析大规模、高速增长、多样化的海量数据的过程，用以揭示数据中的模式、趋势、关联规律和异常情况等。

（一）大数据分析的应用场景

1. 金融领域

在金融领域，银行可以通过大数据分析客户的行为和交易记录，评估客户的信用，从而更好地管理贷款等业务。例如，招商银行利用大数据分析客户的消费行为和信用记录等数据，实现个性化营销和精准风控。

此外，保险公司也可以利用大数据分析客户的医疗记录和生活习惯等因素，制定更加精准的保险方案。

2. 医疗领域

在医疗领域，医生可以通过大数据分析病人的病历和检查报告等数据，预测病情的发展趋势，提高诊断和治疗的准确性。例如，医疗平台"糖护士"利用大数据分析患者的血糖监测数据和用药情况数据等，为糖尿病患者提供个性化的健康管理和医疗服务。

同时，医院可以通过大数据分析患者的就诊情况和用药情况等数据，优化医疗服务流程，提高医疗效率。例如，北京协和医院利用大数据分析实现电子病历全面覆盖和医疗资源共享。

3. 电商领域

在电商领域，电商平台可以通过大数据分析用户的购买历史和搜索记录等数据，为用户推荐更加满足其需求的产品。例如，淘宝利用大数据分析为用户提供个性化的推荐服务。

电商平台也可以通过大数据分析卖家的销售和商品评价等数据，评估卖家的信誉度和商品质量，从而保障消费者的权益。例如，京东利用大数据分析实现商品质量监管和售后服务保障。

4. 智能家居

在智能家居领域，智能系统通过大数据技术深入分析家庭成员的行为和习惯等数据，提供更加个性化和智能化的生活服务。例如，智能系统可以收集用户的开关灯时间、温度偏好、家电使用频率、活动轨迹等多维度数据，并对这些数据进行分析，自动调整家居环境，如在用户回家前预热房间、根据用户的睡眠习惯调整灯光亮度和温度，甚至推荐适合的音乐或视频内容。

另外，大数据还可以帮助优化家庭能源管理，减少不必要的能耗，例如自动关闭长时间未使用的电器，或在电价较低的时段启动洗衣机。以上这些智能化的服务不仅可以提升居住舒适度，还可以显著提高能源利用效率。

5. 智能制造

在智能制造领域，工厂通过大数据技术全面分析生产过程中的各种数据，优化制造流程和提高产品质量。工厂可以收集设备运行状态、产品生产效率、产品质量检测、供应链管理等多方面的数据，并通过大数据分析，发现生产瓶颈和产品质量问题，及时调整生产参数和工艺流程，从而提高生产效率和产品良率。

大数据还可用于预测设备故障，提前安排设备维护，减少其停机时间，避免生产中断。例如，通过分析设备的历史运行数据和实时监控数据，预测设备的潜在故障点，提前安排维修，从而降低维护成本，延长设备寿命。大数据的应用使得制造业能够实现精细化管理和智能化生产，大幅提升竞争力。

6. 智慧城市

在智慧城市领域，通过大数据技术综合分析城市交通、环境、公共安全等多方面的数据，提高城市管理效率和居民生活质量。例如，通过分析交通流量数据，智能交通系统可以优化信号灯控制，减少交通拥堵情况，提高道路通行能力。通过监测空气质量数据，环保部门可以发布健康预警，及时采取措施改善空气质量，保护居民健康。通过分析公共安全数据，警方可以更有效地部署警力，预防犯罪，提升社区安全性。

另外，大数据技术还可以用于城市公共服务的优化，如智慧停车、智能垃圾分类等，提升城市居民的生活便利性和幸福感。大数据的应用使得城市管理者能够更科学、更精准地决策，实现城市的高效管理和可持续发展。

（二）大数据分析的方法与工具

大数据分析的方法与工具有很多，包括分布式数据处理技术（如 Hadoop、Spark 等）、结构化数据库查询语言（如 SQL 等）、面向对象编程语言（如 Python、R 等）、机器学习算法（如决策树、随机森林等）、统计分析方法（如假设检验、回归分析和时间序列分析等）、数据挖掘工具（如 Weka、RapidMiner 和 KNIME 等）以及可视化处理工具（如 Tableau、Power BI 等）。

1. 分布式数据处理技术

Hadoop 和 Spark 是两种常用的分布式数据处理框架。

Hadoop 是一个开源框架，专门用于处理大规模数据集。它通过将数据分布在多台计算机上并行处理，大大提高了数据处理的速度。Hadoop 的核心组件是 HDFS（Hadoop Distributed File System）和 MapReduce。HDFS 负责存储数据，MapReduce 负责处理数据。

Spark 是另一个强大的分布式数据处理框架，它的处理速度比 Hadoop 快，因为它可以在内存中处理数据。Spark 支持多种数据处理任务，包括数据批处理、数据流处理和机器学习。Spark 的核心概念是 RDD（Resilient Distributed Dataset），即弹性分布式数据集。

2. 结构化数据库查询语言

SQL（Structure Query Language，结构查询语言）是最常用的数据库查询语言。SQL 用于从关系数据库中查询、插入、更新和删除数据。它是一种声明性语言，用户只需要告诉数据库需要什么数据，而不需要关心具体的执行步骤。SQL 在数据分析中非常有用，可以用来提取和汇总数据。

3. 面向对象编程语言

Python 和 R 是两种广泛用于数据分析的编程语言。

Python 是一种通用编程语言，特别适合数据分析和科学计算。Python 能够融合数据挖掘方法、机器学习算法、统计分析方法和可视化处理工具，自动且高效地完成深度数据分析和建模工作。它有许多强大的库和工具生态系统，如 Pandas（用于数据处理）、NumPy（用于数值计算）和 Matplotlib（用于数据可视化）等，方便数据科学家和分析师轻松处理复杂的数据集，进行高级分析，并生成直观的可视化结果。

R 是一种专门为统计计算和图形生成设计的编程语言，它有许多内置的统计函数和图形生成工具，非常适合进行复杂的数据分析和建模。

4. 机器学习算法

决策树、随机森林等是常用的机器学习算法。

决策树是一种树形结构的模型，用于数据的分类和回归任务。它通过一系列的条件判断来逐步缩小数据范围，最终得出结论。

随机森林是一种集成学习方法，通过构建多个决策树并综合决策树的预测结果来提高模型的准确性和稳定性。

5. 统计分析方法

假设检验、回归分析和时间序列分析是常用的统计分析方法。

假设检验用于判断样本数据是否支持某个假设。例如，我们可以用 t 检验来判断两个样本的均值是否有显著差异。

回归分析用于研究变量之间的关系。线性回归是最常用的回归分析方法，用于分析一个因变量如何随一个或多个自变量的变化而变化。

时间序列分析用于研究数据随时间的变化趋势和预测未来的数据点，如股票价格或天气变化。

6. 数据挖掘工具

Weka、RapidMiner 和 KNIME 是几种常用的数据挖掘工具。Weka 是一个开源的数据挖掘工具，有许多机器学习算法和数据预处理功能，以及用户友好的图形界面，适合初学者使用。

RapidMiner 是一个强大的数据科学工具，支持数据准备、建模和部署，有丰富的算法库和可视化功能，适合进行复杂的数据分析。

KNIME 是一个开源的数据分析工具，支持拖放式的流程设计。用户可以通过拖放节点来构建复杂的数据处理和数据分析流程，它非常适合用于数据探索和数据实验。

7. 数据可视化工具

Tableau 和 Power BI 是两种流行的数据可视化工具。

Tableau 是一个强大的数据可视化工具，可以将复杂的数据转换成直观的图表和仪表板，支持多种数据源，包括 Excel、SQL 数据库和云服务等。

Power BI 是微软推出的一款数据可视化工具，提供丰富的可视化选项和交互式报告功能，可以与 Excel 和 Azure 无缝集成，适合企业级数据分析。

综上，这些大数据分析工具和方法各有特点，适用于不同的数据分析任务。选择合适的工具与方法，可以大大提高数据分析的效率和准确性。图 1-4 和图 1-5 所示分别为 Tableau 绘制的每日营业数据监控仪表板和 Power BI 绘制的销售总结报告看板。

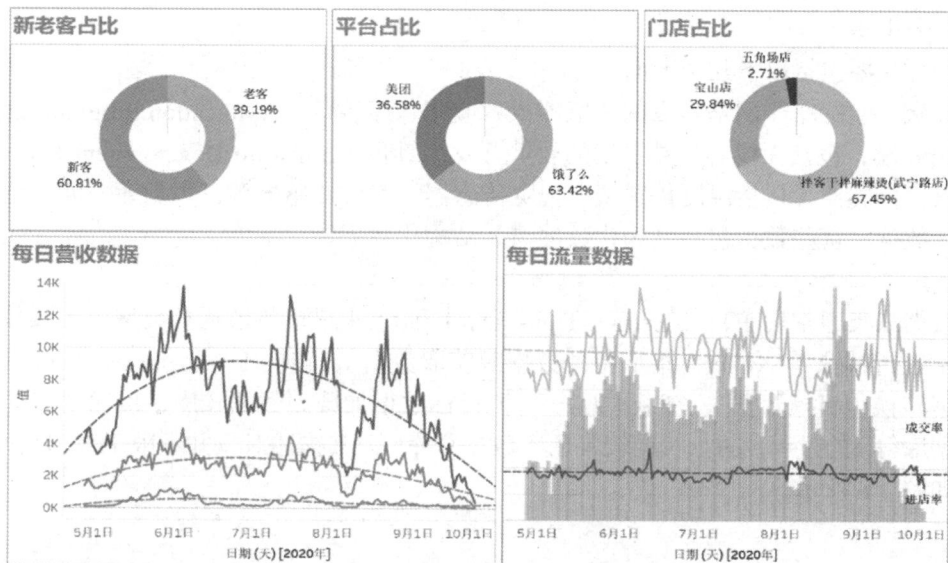

图 1-4　Tableau 绘制的每日营业数据监控仪表板

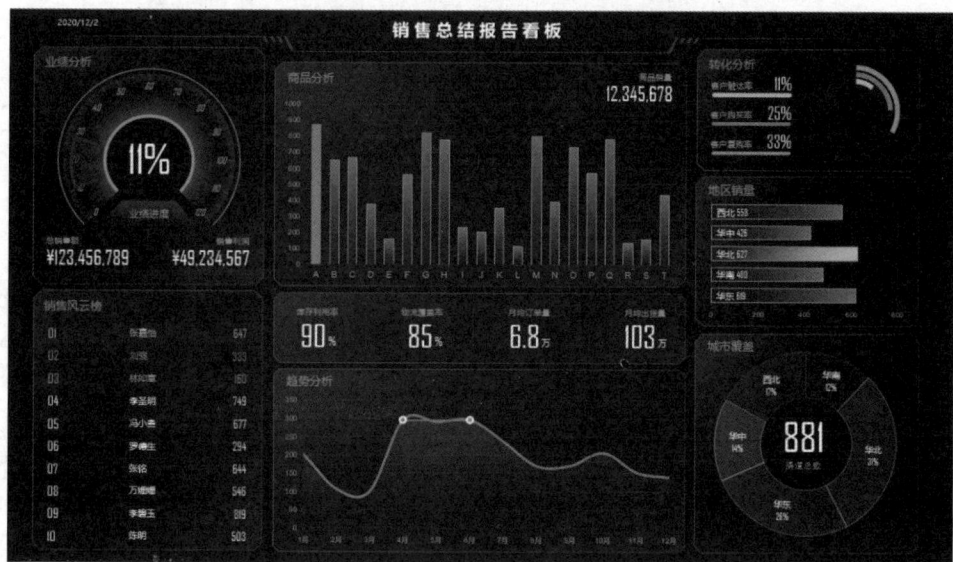

图 1-5　Power BI 绘制的销售总结报告看板

（三）大数据处理流程

大数据的基本处理流程包括大数据采集与存储、大数据预处理、大数据分析与挖掘和大数据可视化等。

1. 大数据采集与存储

大数据采集是指从各种数据源和渠道收集和获取海量、多样化的数据的过程。

进行大数据采集时首先应根据不同的数据源选择数据库采集、系统日志采集、网络爬虫采集以及感知设备采集等方式，连接数据源并提取数据，再传输到目标，然后对采集到的数据进行补充和扩展，最后将数据存储在适当的存储系统中。

（1）数据源。

数据源主要包括以下几个方面。

Web 端，包括基于网络爬虫的浏览器或者应用程序接口（Application Program Interface，API）；App 端，包括无线客户端采集的软件开发工具包（Software Development Kit，SDK）或者埋点；传感器，包括温度传感器、视觉传感器、光敏传感器等；数据库，涉及源业务系统的同步数据，这些数据包括结构化数据与非结构化数据。

（2）ETL。

大数据采集通常用 ETL（Extract-Transform-Load）来描述将数据从数据源（如数据库、文件等）经过抽取（Extract，指从各种数据源获取数据）、转换（Transform，指按需求格式将源数据转换为目标数据）、加载（Load，把目标数据加载到数据仓库中）送至目的端（如目标数据库等）的过程。ETL 一词较常用于数据仓库，但其描述对象并不限于数据仓库。ETL 的过程如图 1-6 所示。

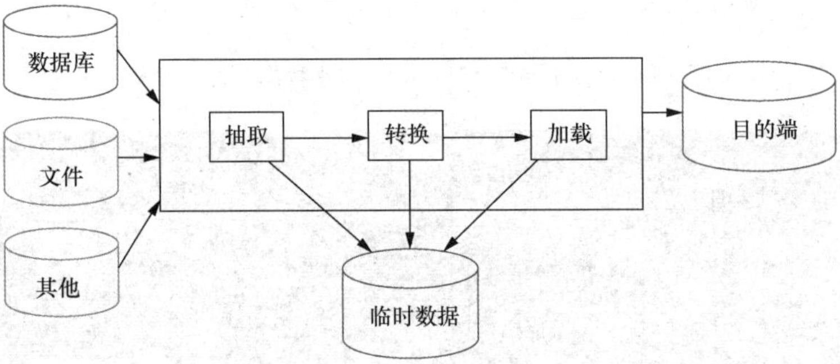

图 1-6　ETL 的过程

目前市场上主流的 ETL 工具有 Kettle（又名 Pentaho Data Integration）、IBM infoSphere DataStage 和 DataX 等。

2. 大数据预处理

采集到的数据不能直接用于数据分析，要对数据进行清洗，删除或修正缺失、重复、错误及异常数据等，以确保数据的质量和一致性。同时还需要对来自多个数据源的数据进行关联、重塑、聚合、转换和规范化等预处理操作。

另外，有时还要对数据做特征抽取和选择、数据降维、数据归一化等处理。

大数据预处理主要分为 4 个步骤，即数据清洗、数据集成、数据规约和数据变换，如图 1-7 所示。

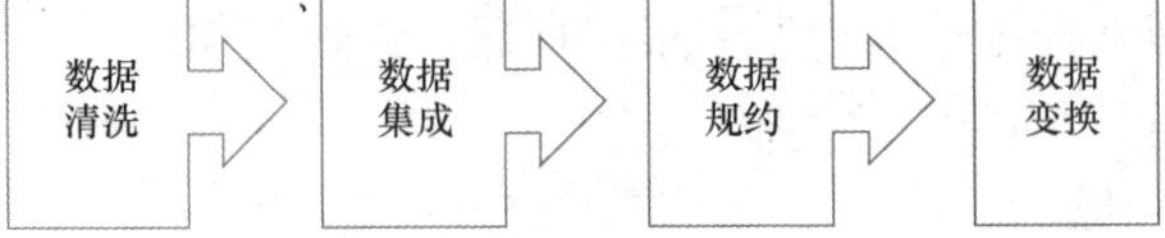

图 1-7　数据预处理

（1）数据清洗。

数据清洗是一项复杂且烦琐的工作，也是整个大数据分析流程中最重要的环节之一。数据清洗的目的在于提高数据质量，将"脏"数据"清洗"干净，使数据具有完整性、唯一性、合法性和一致性等特点。

脏数据（Dirty Data）是指在质量上存在问题的数据，包括不准确、缺失、重复、格式错误及含有噪声的数据等。其中较难处理的是缺失值和噪声数据。

缺失值是指现有数据集中某个或某些不完整的属性值。缺失值处理方法有简单删除、数据补齐、人工填写和平均值填充等。当数据集中的含缺失值的样本比较少时，可以使用简单删除的方法删除包含缺失值的样本，或者用人工填写的方法补全样本缺失值。当数据集中的含缺失值的样本比较多时，可以使用 k 均值填充、回归法等方法，将样本缺失值补全。

噪声是指被测变量中的随机误差或偏差。噪声数据的处理方法有分箱、聚类等。分箱是指按照数据的属性值划分子区间，将待处理的数据按照一定的规则划分到子区间中，分别对各个子区间中的数据进行处理。聚类是指将对象的集合分为由类似的对象组成的多个类，找出并清除落在类之外的值。

（2）数据集成。

数据集成是指将来源、格式、特点性质各异的数据集中到一起，使用户能够以透明的方式访问这些数据。数据集成的工具和方法主要有联邦数据库、中间件集成、数据复制。

联邦数据库能将各个数据源的数据视图集成为全局模式；中间件集成能通过统一的全局数据模型来访问异构数据源。数据复制能将各个数据源的数据集中到同一处，即数据仓库。

（3）数据规约。

在现实场景中，数据是海量的，数据集是很庞大的，在整个数据集上进行复杂的数据分析和挖掘需要花费很长的时间。

数据规约的目的就是从原有的庞大数据集中获得一个精简的、保持原有数据集完整性的数据集，在这一精简的数据集上进行数据挖掘显然效率更高，并且挖掘出来的结果与使用原有数据集所获得的结果是基本相同的。

数据规约方式包括维规约、数值规约、数据压缩等。

维规约指减少所考虑的随机变量或属性的个数。数值规约指用较小的数据替换原始数据。数据压缩指使用变换得到原始数据的"压缩"形式，注意，从压缩数据恢复为原始数据时，不损失信息的压缩是无损压缩，损失信息的压缩是有损压缩。

（4）数据变换。

数据变换是指对数据进行变换处理，使数据更符合当前任务或者算法的要求。数据变换的主要目的是将数据转换或统一成易于进行数据挖掘的存储形式，使得挖掘过程更加有效。

常用的数据变换方式有数据规范化和数据离散化。

数据规范化指为消除数据的量纲和取值范围的影响，将数据按照比例进行缩放，使其落入一个特定的区域，以便于数据分析的过程。数据离散化指将数据取值的连续区间划分为小的区间，再将每个小区间重新定义为唯一的取值的过程。

3. 大数据分析

大数据分析指在大规模数据集中发现、提取和分析有价值的信息、规律的过程。它旨在通过使用各种统计方法、机器学习和数据挖掘技术来解析大量数据，以揭示潜在的商业趋势并进行预测。

在大数据分析领域中，最常用的 3 种大数据分析类型包括相关性分析、因果推断、采样分析。

（1）相关性分析。

相关性分析是指对两个或多个具备相关性的变量进行分析，从而衡量两个或多个变量的相关程度。相关性分析要求被分析变量之间需要存在一定的联系。

（2）因果推断。

因果推断是指基于某些现象之间的因果关系得出结论的过程。因果推断要求原因先于结果，原因和结果具有相关性。

（3）采样分析。

采样分析是指当无法对一个问题进行非常精确的分析时，可以通过采样求解近似值，其中的核心问题是如何进行随机模拟。

大数据挖掘是指从大量的、不完全的、有噪声的、模糊的、随机的实际应用数据中，提取隐含在其中的、人们事先不知道但又是潜在有用的信息和知识的过程。数据挖掘可以描述为，按既定目标，对大量的数据进行探索和分析，揭示隐藏的、未知的规律或验证已知的规律，并进一步将其模型化的有效方法。

传统的数据分析是基于假设的，一般是先给出一个假设然后通过数据验证。数据挖掘在一定意义上是基于发现的，就是通过大量的搜索工作从数据中提取信息或知识，即数据挖掘要发现那些不能靠直觉发现的，甚至违背直觉的信息或知识，挖掘出的信息或知识越出乎意料，就可能越有价值。

4．大数据可视化

大数据可视化是将大规模、复杂和多维度的数据通过图表等方式进行展示和呈现，帮助人们更直观地理解和分析大数据。通过使用适当的图表等，将庞大的数据集转化为易于理解和解释的可视化形式，使决策者、分析师能够更深入地洞察数据背后的深层信息，发现潜在的机会，并制订相应的策略。

常见的可视化方法有数据图表化、文本可视化、网络可视化以及空间信息可视化等。

（1）数据图表化。

数据图表化通过不同类型的统计图表展示数据及相互关联。一般有柱状图、饼图、气泡图、热力图、趋势图、直方图、雷达图、色块图、漏斗图、和弦图、仪表盘、桑基图、密度图、面积图、折线图、K 线图等统计图表，以及反映关系关联的比较类图、分布类图、流程类图、地图类图、占比类图、区间类图、关联类图、时间类图和趋势类图等。

图 1-8 所示为部分可视化图表。

（2）文本可视化。

文本可视化涵盖了信息收集、文本信息挖掘（数据预处理、数据挖掘、知识表示）、视觉绘制和交互设计等过程。一般包括：基于文本内容的可视化图表，如词云图、分布图和文档卡片等；基于文本关系的可视化图表，研究文本内外关系，帮助人们理解文本内容和发现规律，如树状图、节点连接的网络图、力导向图、叠式图和单词树等；基于多层面信息的可视化图表，研究如何结合信息的多个方面帮助用户从更深层次理解文本数据，发现其内在规律，如地理热力图、主题河图和基于矩阵视图的情感分析可视化图表等。图 1-9 所示为文本可视化形成的词云图。

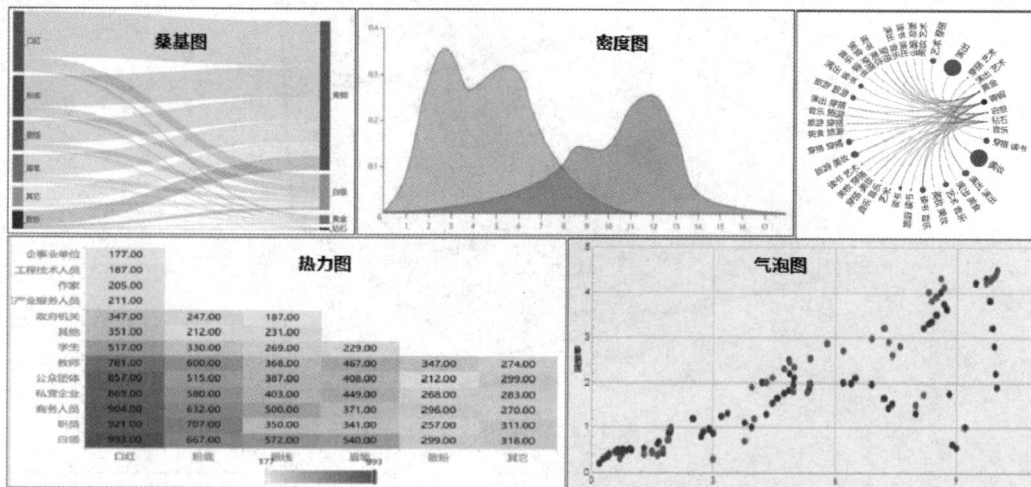

图 1-8　部分可视化图表

（3）网络可视化。

网络可视化通常展示数据在网络中的关联关系，一般用于描绘互相连接的实体。树图是社交网络的常见表现形式，也是一种流行的利用包含关系表达层次化数据的可视化方法。图 1-10 所示为社交网络树图。

图 1-9　词云图

图 1-10　社交网络树图

（4）空间信息可视化。

空间信息可视化是指运用计算机图形图像处理技术，将复杂的科学现象和自然景观及一些抽象概念图形化的过程。

空间信息可视化是指用地图学知识、计算机图形图像技术，进行信息输入、查询、分析、处理，采用图形、图像，结合图表、文字、报表等，以可视化形式输出，实现交互处理和显示的理论、技术和方法。

空间信息可视化的主要表现形式有地图可视化、多媒体地理信息、三维仿真图以及虚拟现实图像等。图 1-11 为三维仿真图。

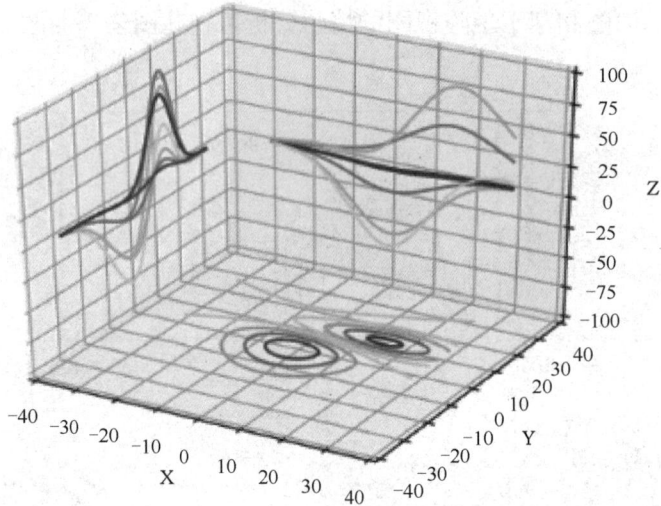

图1-11 三维仿真图

> 📖扩展阅读
>
> ### 盒马鲜生的大数据处理
>
> 盒马鲜生是阿里巴巴旗下的一种新型的超市业态，它利用大数据实现消费者运营、商品运营、供应链运营的线上线下融合和创新。
>
> 在消费者运营方面，盒马鲜生通过阿里巴巴的生态系统，收集消费者的个人信息、购物历史、消费行为等数据，构建消费者画像，实现对消费者的细分分类、标签化，从而提供更能满足消费者需求和符合其喜好的商品和服务，提升消费者的满意度和忠诚度，增强消费者的黏性，提高复购率。
>
> 在商品运营方面，盒马鲜生通过阿里巴巴的数据平台，收集商品的销售、库存、成本、毛利等数据，实现对商品的全面、动态、实时的监控和评估，从而优化商品的选品、定价、陈列、促销等，增加商品的销售额，提高利润率，降低商品的库存风险和损耗率。
>
> 在供应链运营方面，盒马鲜生通过阿里巴巴的物流网络，收集供应链的订单、物流、质量、风险等数据，实现对供应链的可视化、协同化、智能化管理，从而提升供应链的响应速度、服务水平、成本效益、风险防控能力等，实现供应链的精细化、灵活化、高效化、安全化运营。
>
> 盒马鲜生利用大数据的成功案例启示我们，超市应该充分利用互联网可实现线上线下融合和创新的优势，通过各种平台和网络，获取超市运营所需的各类数据，并对数据进行清洗、整合、处理、挖掘，制订和实施数据驱动的运营策略和行动方案，实现超市运营效率的提升。

（四）大数据分析的挑战

尽管大数据分析在各个领域都展现出了巨大的潜力和价值，但其发展也面临着诸多挑战。

1. 数据安全与隐私保护

随着大数据的广泛应用，数据安全与隐私保护问题日益凸显。如何确保数据在采集、存储、处理和分析过程中的安全性，防止数据泄露和滥用，是大数据分析必须面对的重要挑战。

从技术层面来看，数据加密是防止数据泄露的重要手段之一。通过加密敏感数据，可以加强数据在存储、传输和使用过程中的安全性。此外，隐私保护技术，如数据脱敏、匿名化、差分隐私和同态加密等，也在数据安全和隐私保护中发挥着重要作用。采用这些技术可以在不泄露个人隐私的前提下，对数据进行处理和分析。

同时，将大数据分析与人工智能、物联网、区块链等技术深度融合，形成更加智能、更加高效的数据处理方案也是大数据分析未来的发展方向，它将能够精准分析出海量信息背后的规律，提升数据透明度、安全性和可信度。

2. 数据质量与准确性

大数据的体量庞大且来源多样，这导致数据良莠不齐。在数据分析过程中，如何剔除噪声和冗余信息，确保数据的准确性和可靠性，是大数据分析面临的另一个难题。

3. 技术与人才短缺

大数据分析涉及多个学科和领域，其跨学科、跨领域的特点使得对人才专业技能的要求日益提高，而现阶段市场上具备相应能力的专业人士数量有限。这种供需不平衡限制了大数据技术向更深层次应用。

为了应对大数据领域的人才短缺问题，各方将加大人才的培养和引进力度。高校和培训机构将加强大数据相关专业的建设，培养更多具备大数据技能的人才；同时，企业也将通过引进高端人才和建立内部培训机制等方式，提升团队的大数据分析能力。

4. 法规与标准滞后

随着大数据技术的快速发展，相关的法规和标准的发展相对滞后。如何制定和完善相关法规和标准，规范大数据的采集、存储、处理和分析等行为，保护数据安全和个人隐私权益，是亟待解决的问题。

当前，大数据分析领域正不断寻求突破和创新。未来，随着技术的融合与创新、人才的培养与引进、法规与标准的完善，大数据分析技术将更加成熟，其应用场景将不断拓展，在更多领域发挥重要作用，推动各个领域的智能化和可持续发展。

任务二　初识 Python

一、Python 简介

Python 是一门简单易学且功能强大的编程语言，由荷兰程序员吉多·范罗苏姆（Guido van Rossum）开发。

（一）Python 的特征

Python 能够用简单且高效的方式进行面向对象的编程，是目前应用最广泛的高级编程语言之一，又被称为"胶水语言""可执行的伪代码"。Python 设计独特，注重可读性、易用性及清晰性，具有以下特征。

1. 简单易学

Python 的保留字少、语法结构简单清晰，学习者可以在较短的时间内轻松上手。Python 是一种高级编程语言，使用时只需集中精力关注程序的主要逻辑即可，无须考虑如管理程序内存等的底层细节。

2. 易于阅读

Python 代码结构清晰，采用强制缩进的编码方式，去除了"{}"等符号，十分规范，具有良好的可读性。

3. 免费、开源，可移植，运行速度快

Python 是免费、开放源代码的软件。用户可以自由发布 Python 软件的副本，阅读源代码，对其进行改动以及将部分源代码用于别的软件等。Python 的开源本质，使其可以被移植到许多不同的系统上运行，且运行速度较快。

4. 面向对象，扩展性好

Python 支持面向对象编程。代码更贴近问题的本质，易于理解、封装和重用，可维护性和可扩展性皆良好。与其他的面向对象语言相比，Python 强大又简单。

5. 类库丰富，通用灵活

Python 拥有丰富的内置类和函数库，世界各地的程序员通过开源社区贡献了十几万个覆盖各个应用领域的第三方函数库。基于丰富的类和库，开发人员能够更容易地实现一些复杂的功能。Python 应用非常广泛，可用于 Web 开发、科学计算、数据处理、游戏开发、人工智能、机器学习等多个领域。

6. 良好的中文支持

Python 3.x 解释器采用 UTF-8 编码（该编码不仅支持英文，还支持中文、韩文、法文等）表示所有字符信息，使 Python 程序对中文字符的处理更加灵活、简洁。

（二）Python 解释器

编程语言大致可以分为编译型和解释型两大类。Python 属于解释型语言，这意味着 Python 代码需要通过一个被称为解释器的程序来执行。图 1-12 所示为 Python 解释器。

图 1-12　Python 解释器

解释器是一种计算机程序，能够直接将高级编程语言编写的源代码逐行转换为机器指

令，并立即执行。与编译器不同，解释器不会预先将整个程序一次性转换为目标代码，而是每次运行程序时实时地将源代码翻译成机器可执行的语言，然后立即执行相应操作。因此，使用解释器执行的程序通常比经过预编译后执行的程序运行速度稍慢一些。

　　Python 解释器几乎可以在所有主流操作系统上运行，如 Windows、macOS 和各种 Linux 发行版等。通过在命令行输入 Python 命令可以启动标准的交互式 Python 解释器，它一次执行一条语句来运行程序，如同一个"翻译官"，把 Python 语言写成的指令翻译成计算机能理解的机器语言，从而使计算机按照程序员编写的要求完成特定任务。这种即时翻译和执行的方式赋予了 Python 极大的灵活性和跨平台能力。

　　图 1-13 所示为 Python 解释器的工作原理。

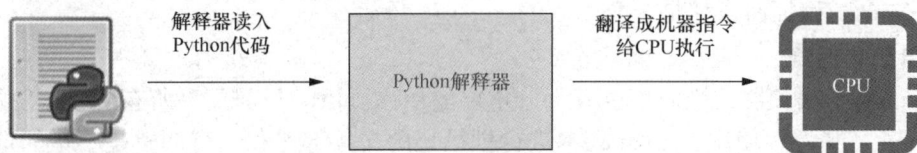

图 1-13　Python 解释器的工作原理

二、Python 应用

（一）Python 应用方向

　　作为一种强大且多功能的编程语言，Python 广受赞誉，其应用范围广泛，涵盖数据分析与处理、Web 开发、自动化运维、网络爬虫、科学计算及人工智能等多个领域。

1. Web 开发

　　Python 的诞生比 Web 还要早。由于 Python 是一种解释型的脚本语言，开发效率高，所以非常适合用来做 Web 开发。Python 社区提供多个功能完备的 Web 开发框架，例如 Django、Pyramid 和 Tornado，这些框架极大地简化了 Web 应用程序的开发过程。基于很多成熟的模板，选择 Python 开发 Web 应用，不但开发效率高，而且运行速度快。

2. 网络爬虫

　　网络爬虫是 Python 比较常见的应用，Google 在早期大量地使用 Python 作为网络爬虫的基础，带动了整个 Python 应用的发展。例如，从各大网站爬取商品折扣信息，比较、获取最优选择；对社交网络上的发言进行收集分类，生成情绪地图，分析语言习惯；爬取某音乐软件某一类歌曲的所有评论，生成词云等。图 1-14 所示为 Python 网络爬虫示意图。

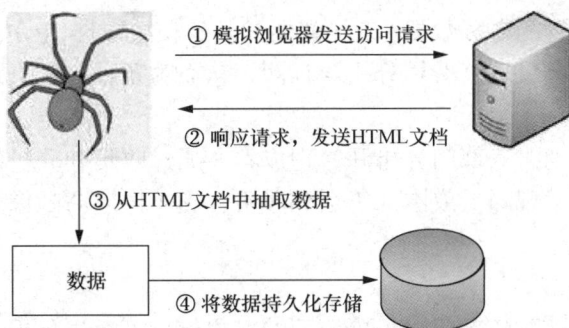

图 1-14　Python 网络爬虫示意图

3. 人工智能

在人工智能领域，Python 同样占据重要地位。如 Scikit-learn 这样的库为机器学习提供了丰富的工具，而 TensorFlow 和 PyTorch 则进一步推动了深度学习的发展，使得 Python 成为 AI 研究和开发的首选语言之一。

4. 数据分析

在数据分析处理方面，Python 构建全面的数据分析生态系统，不仅提供一系列成熟的算法模块可直接调用，而且包括如 Matplotlib、Pandas、SciPy 等强大的库，能够支持用户创建直观的可视化图表、执行复杂的科学计算任务以及管理关系数据库中的数据。对于 Hadoop MapReduce 和 Spark，二者都可以直接使用 Python 完成计算逻辑，这无论是对于数据科学家还是对于数据工程师而言都是十分便利的。

5. 自动化运维

Python 对于服务器运维而言也有十分重要的用途。由于目前几乎所有 Linux 发行版中都自带 Python 解释器，使用 Python 脚本进行批量化的文件部署和运行调整是不错的选择。

随着技术的发展，Python 的应用已经深入企业级解决方案中。无论是国内还是国际上，许多知名的大中型企业，如知乎、百度、Meta、豆瓣和腾讯等，都广泛采用 Python 来实施各种业务流程，包括自动化运维、自动化测试、大数据分析、网络爬虫建设和 Web 应用开发等。这不仅体现了 Python 在处理复杂任务方面的高效性，也证明了其在商业环境中的可靠性和灵活性。

（二）Python 财务洞察

以大数据为工具，全面提升财务职能的广度和深度是时代发展的必然要求。Python 财务洞察应用伴随着企业生产经营管理的全过程。

1. 报表分析

财务报表的爬取、清洗与分析是 Python 大数据技术在财务领域的基本应用。通过 Python 从经营者、投资者角度分析财务报表，提供经营决策和投资决策建议。

2. 风险管理

通过 Python 大数据分析，可以识别和分析财务风险，如财务欺诈、违规交易和市场波动等。大数据技术可以帮助财务部门实时监测交易数据、市场数据和客户数据，从而提前预警和降低风险。

3. 预测分析

通过收集和分析大量的财务数据、市场数据和其他相关数据，Python 可以预测销售趋势、评估产品需求，进行资金管理、费用分析与预测，从而为各种财务决策提供有力的支持。

4. 成本管理

大数据分析可以帮助财务部门分析和管理成本。通过收集和分析供应链数据、生产数据和其他相关数据，可以发现降低成本的机会和风险，提供供应商画像分析，优化生产过程，降低成本并提高效率。

5. 客户管理

大数据技术可以帮助财务部门获得更全面的客户信息。通过分析客户搜索记录数据、交易数据等，了解客户的偏好、需求和购买习惯，从而为市场营销和客户关系管理提供建议。

此外，Python 大数据技术还可以帮助企业进行全面的战略分析、企业财务困境预警分析等，帮助财务部门生成更有洞察力的报告和仪表板，实时、直观地展示数据，提高管理者决策的准确性和效果。

📖 **扩展阅读**

业财融合"三板斧"

江苏大生集团有限公司董事长漆颖斌在接受上海国家会计学院专访时提到，在未来发展中，无论是成本分析、生产运营分析还是投融资分析，财务人需成为企业的业财数据分析师，为生产运营提供支持，为企业融资提供保障。

在"业财一体"的大环境下，仅掌握财务知识已经无法满足管理者的需求。转型中的财务人需精通业务，能与业务人员探讨特定业务场景下的分析模型，能够熟练使用数字化工具建立业财分析模型，精通财务、懂业务已经成为新时代财务人的标配。

1. 走进业务、走进车间，到生产经营的一线

财务人如果不深入业务、不深入研发、不深入生产，不去作业现场，只待在办公桌前思考怎么解决问题，是难以做到业财融合的。

财务人应深入业务一线，从事前的交易核准、定价决策，事中的业务跟踪再到事后的报表记录都需要参与，做到真正地融入业务，了解客户的需求，为业务一线提供有力的"武器"，帮助他们在市场上"攻城略地"。

2. 转变思维，善用管理会计中的模型工具

当公司有新项目需要进行投产测算时，财务人可以结合管理会计中的模型工具，建立分析模型，测算新项目的投资收益情况。

在产品上市前可以将个性化的小批量定制产品投放到市场中，等到成本核算更加精细以后，就能够以此支持定价的决策，再加上多维度的价值分析，持续不断地优化产品，使产品在市场上更具有竞争力。

结合管理会计的工具，财务人可以将成本的归集和分配细化到每一个客户，甚至每一个订单，从而为每一个订单定价提供决策依据。精细化的成本管控使财务从事后记录转向事前交易核准，使定价决策和成本核算成为业财分析的核心。

3. 全面预算理论和业务实际相结合

全面预算管理体系的基础是业务预算，以现金流为主线的薪酬预算和资金预算是重要支撑。

当财务人进行全面预算管理时，需要增强业务与经营计划的相关度，开展以现金流为主线的动态预算管理。可以将利润作为预算的主线，对分月资金预算进行动态调整，将资金预算作为静态预算与动态预算的纽带。

业财分析需深入生产一线，从生产大纲追溯用工、采购等各种生产耗费资源对经营现金的影响，逐月编制月度滚动资金预算，实现资金预算对生产的动态支持。

在预算管理期间，依据工艺改进去调整材料消耗定额、产品工时定额、工装消耗及部件良品率等指标；补充制定制造费用中与产量、工时、人数相关度较高的项目定额，根据企业多年积累的历史数据，补充制定能源定额；将标准成本及定额成本同时作为预算编制的参照标准，通过修正相应指标去应对预算管理的变化。

业财融合在财务转型中占据着重要的地位。未来，财务人的工作将不仅基于数据和报表，还以战略思维、产业思维和数字化思维，从专业领域迈向业务领域，更多地参与到企业业务决策中，以数据为基础为业务提供有效的反馈和建议。

三、Python 开发环境

学习、应用 Python 必须首先搭建 Python 开发环境。

在实际应用中，用户可以选择本地安装 Python 解释器和必要的第三方库及工具，配套使用 PyCharm 等编辑器来搭建 Python 开发环境，提高工作效率；也可以安装 Anaconda，利用其中的 Jupyter 工具进行 Python 程序的编辑和运行；还可以应用在线云环境来编写、执行和分享 Python 代码。

1. Anaconda

Anaconda 是一个基于 Python 的开源数据科学平台，旨在提供一站式解决方案，方便用户进行数据分析、数据可视化和机器学习等任务。它包含众多常用的 Python 科学计算库和工具，如 NumPy、Pandas、Matplotlib、Jupyter Notebook 等。Anaconda 还提供一个可视化界面来管理和交互使用这些库和工具。通过 Anaconda，用户可以轻松地设置和管理 Python 环境，方便地使用各种科学计算库和工具。

安装 Anaconda 后，系统会自带 Jupyter Notebook。Jupyter Notebook 是一个基于 Web 的交互式计算环境，允许创建和共享文档。用户可以在 Jupyter Notebook 中编写、运行代码块，实时查看输出结果，还可以编辑 Markdown 文本和插入图像等。

2. PyCharm

PyCharm 是一款由 JetBrains 开发的 Python 集成开发环境（Integrated Development Environment，IDE），专为 Python 开发提供全面的支持。PyCharm 提供代码编辑、调试、测试和版本控制等一系列功能，使得开发 Python 程序更高效和便捷。PyCharm 还集成了智能代码补全、代码导航、代码重构和静态分析等功能，帮助开发者提高代码质量和开发效率。同时，PyCharm 还提供对多种 Python 开发框架的支持，如 Django、Flask 和 Pyramid 等，使得开发 Web 应用程序更加方便。

3. Python 云编译环境

目前，很多第三方平台提供 Python 的云编译环境，如 PythonAnywhere 和 Colab 等，可以在云平台中提供 Python 代码的编译、执行和部署等功能。用户无须自行下载安装 Python 程序和相关模块，直接登录云平台即可进行操作。

如图 1-15 所示，北京用友科技有限公司（以下简称用友科技）的 Python 云平台就是这一类云编译环境，可以帮助初学者快速、系统地学习 Python，掌握基本编程思想，高效编写程序并解决实际问题。此外，其还支持 Python 基础知识、财务大数据分析等商科"金课"建设与应用。

需要注意的是，Python 部分功能、函数与 Python 及其模块的版本有关。本书所使用的 Python 主核心模块版本分别为 Python 3.13.0、Pandas 2.1.4、Matplotlib 3.8.0。读者在实际运行代码时若要安装 Python 开发环境，可根据版本特性进行适当选择。

图 1-15　用友科技的 Python 云平台

综合应用案例　Python 开发环境搭建

【任务要求】

根据 Python 学习和应用需要，搭建适合个人计算机配置要求的 Python 开发环境。假定计算机采用 64 位 Windows 10 操作系统，请完成如下任务。

（1）Python 解释器的下载、安装。

（2）Anaconda 的下载、安装。

（3）熟悉 Jupyter Notebook 的构成，掌握相关操作技巧。

（4）在 Jupyter Notebook 中创建新的 Notebook 文件"我的首个 Python 程序"，并输出"Hello,world!"语句。

【实施要点】

（1）打开 Python 官网的下载页面，选择版本 Python 3.13.0（64 位），下载并按步骤完成安装。

注意，Python 3.9 以上的版本不能在 Windows 7 或更早版本的操作系统上使用。Python 3.13.0 需要在 Windows 10 及以上版本的操作系统中使用，此外，还应根据计算机操作系统是 32 位或 64 位选择相应软件下载。

（2）在 Anaconda 官网下载适应计算机配置的 Anaconda 软件并安装（本书选择的 Anaconda 版本是 Anaconda 3 2024.06-1）。

注意，安装 Anaconda 会自动安装 Python。

（3）安装 Anaconda 后，打开 Anaconda Navigator，找到 Jupyter Notebook 并启动。全面学习 Jupyter Notebook 的功能。

（4）在 Jupyter Notebook 中创建新的 Notebook 文件，并在 Notebook 文件中编写和执行 Python 代码：print('Hello，world!')。

特殊说明：print()函数是 Python 中的内置函数，用于在屏幕上输出内容。一般将输出内容作为参数放置在括号里即可，但当输出内容为文本时，需要将这部分内容用单引号或双引号引起来。

【操作步骤】

1. 下载并安装 Python 解释器

第一步：获取安装包。

登录 Python 官方网站，单击"Downloads"进入下载界面，根据本地计算机的操作系统类型（Windows、macOS 或其他系统），选择 Python 3.13.0 版本进行下载（默认选适配 64 位操作系统的），如图 1-16 所示。如果本地计算机的操作系统是 32 位的，下载路径如图 1-17 所示。

视频讲解

下载并安装 Python
解释器

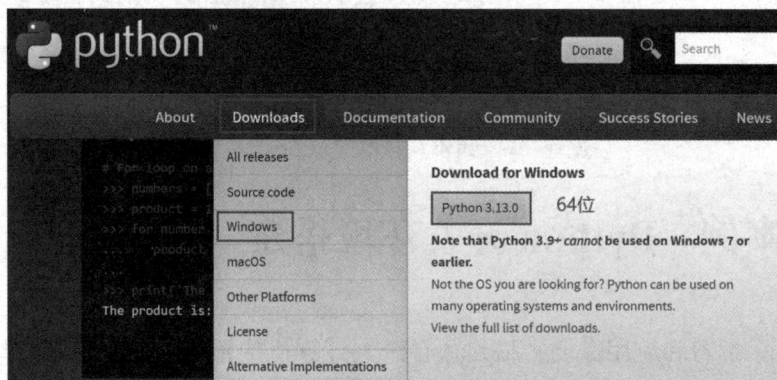

图 1-16　下载 64 位软件安装包

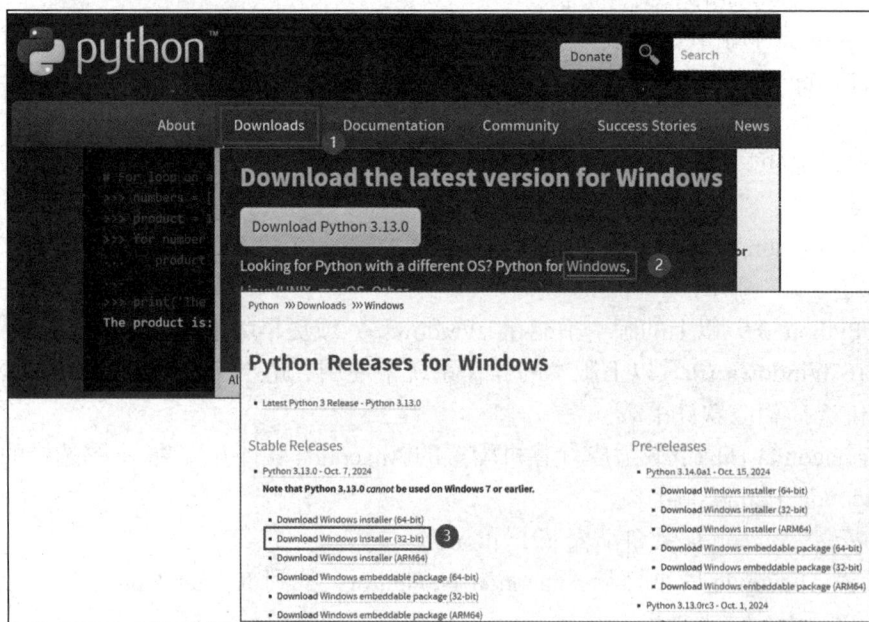

图 1-17　下载 32 位软件安装包

第二步：安装 Python 开发环境。

（1）如图 1-18 所示，双击下载到本地计算机上的安装包，在弹出的对话框中勾选"Use admin privileges when installing py.exe"和"Add python.exe to PATH"复选框，再单击"Customize installation"自定义安装路径。

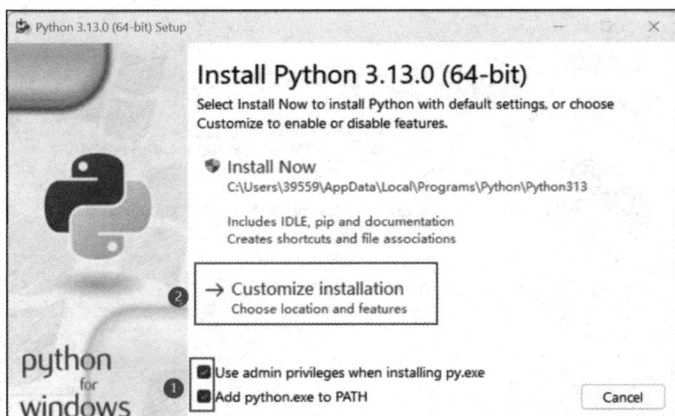

图 1-18　安装 Python 开发环境（1）

（2）如图 1-19 所示，在"Optional Features"对话框中勾选全部复选框，单击"Next"按钮。

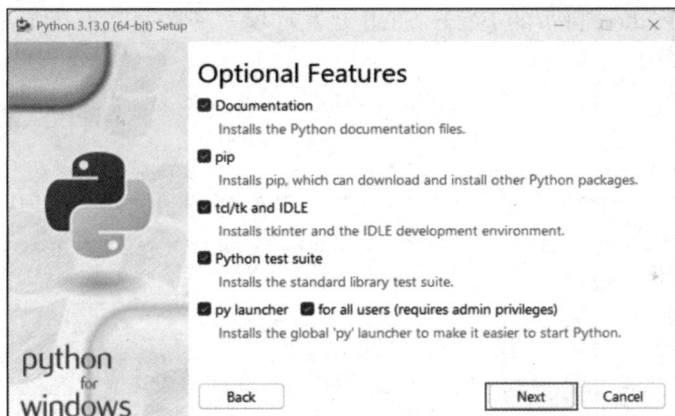

图 1-19　安装 Python 开发环境（2）

（3）如图 1-20 所示，在"Advanced Options"对话框中勾选相应复选框，单击"Install"按钮。安装完成后，如图 1-21 所示，单击"Close"按钮退出。

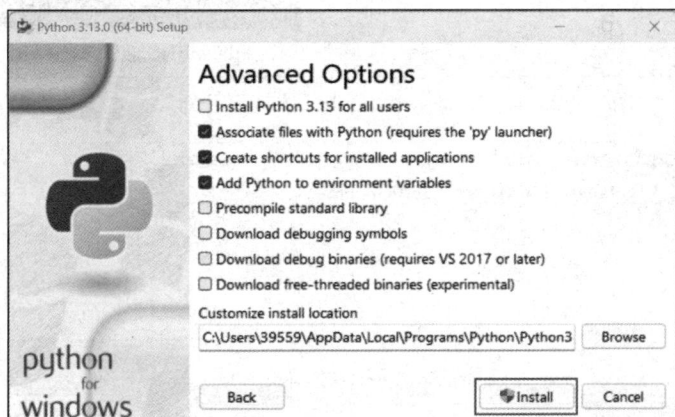

图 1-20　安装 Python 开发环境（3）

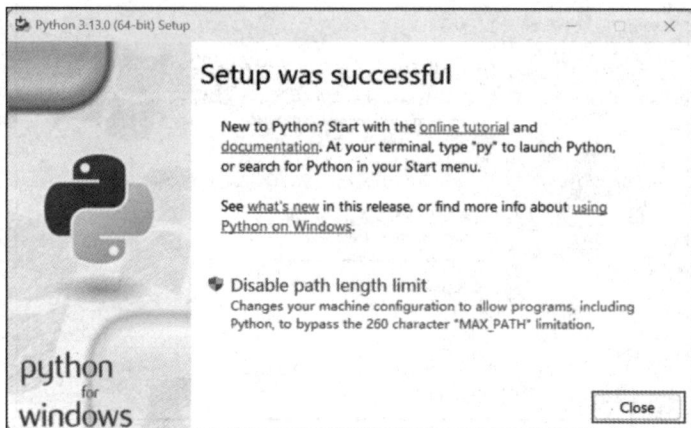

图 1-21　安装 Python 开发环境（4）

第三步：使用 Python。

使用 Python 主要有两种方式。

方式一：使用 Python 自带的 IDLE Shell 开发环境，一般直接双击 Python 图标即可进入脚本编程窗口，如图 1-22 所示。

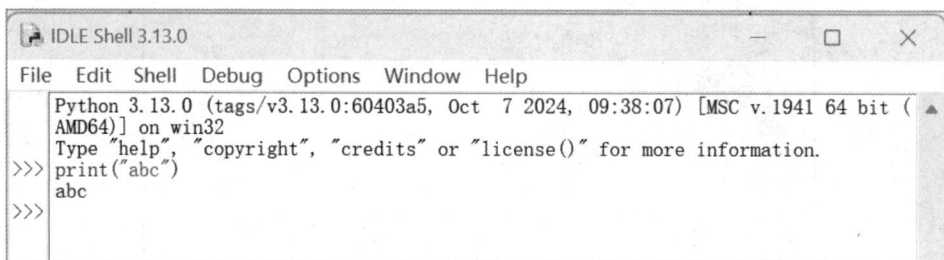

图 1-22　Python 自带的 IDLE Shell 开发环境

方式二：新建一个文本文档，将其重命名为以".py"结尾的文档。选择该文档，单击鼠标右键，从弹出的快捷菜单中选择"Edit with IDLE"→"Edit with IDLE 3.13(64-bit)"（见图 1-23），可以打开 IDLE 文本编辑环境，如图 1-24 所示。

图 1-23　以"Edit with IDLE"方式打开新建文本文档

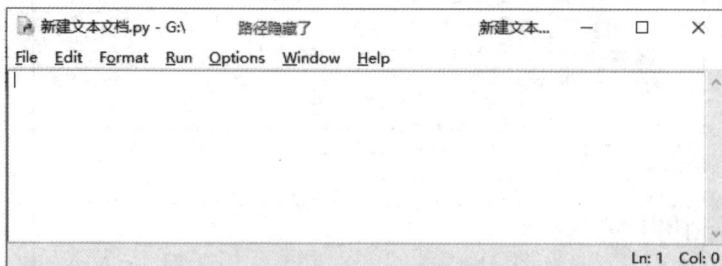

图 1-24　IDLE 文本编辑环境

打开文本编辑环境后，即可开始编程。例如，输入代码 print("abc")，执行"Run"→"Run module"命令，或者直接按 F5 键即可运行程序，如图 1-25 所示。

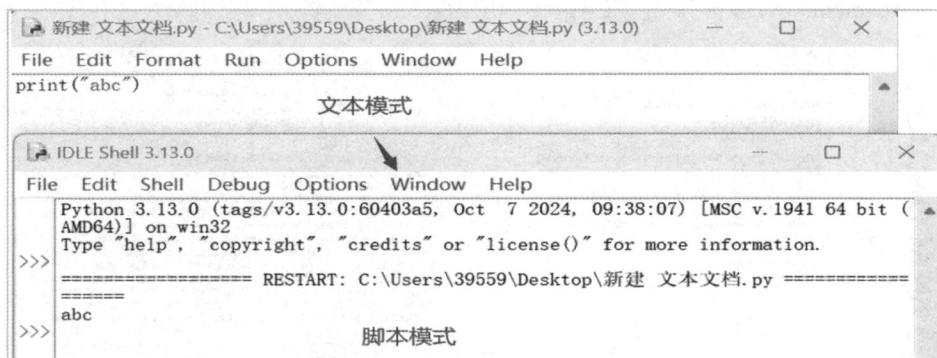

图 1-25　IDLE 文本编程运行结果

通过上述一系列的操作，已经完成 Python 开发环境的部署，可以开始 Python 的学习之旅。

2．下载、安装 Anaconda

第一步：获取安装包。

（1）登录 Anaconda 官方网站，单击"Skip registration"跳过注册，打开下载列表，根据操作系统类型（Windows、macOS 或其他系统），选择 "Python 3.12 64-Bit Graphical Installer (912.3M)"进行下载，如图 1-26 所示。

视频讲解

下载并安装 Anaconda

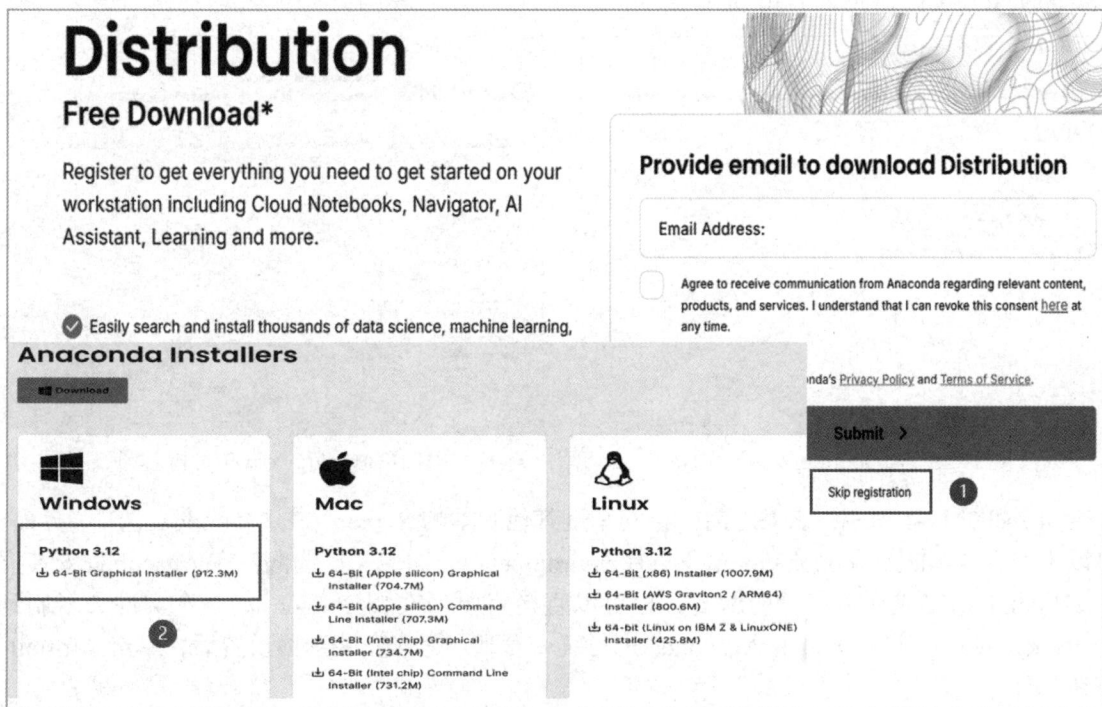

图 1-26　下载 Anaconda 安装包

第二步：安装。

（1）双击 Anaconda 安装程序，如图 1-27 所示，单击"Next"按钮。如图 1-28 所示，在"License Agreement"对话框单击"I Agree"按钮。

图 1-27　Anaconda 安装（1）

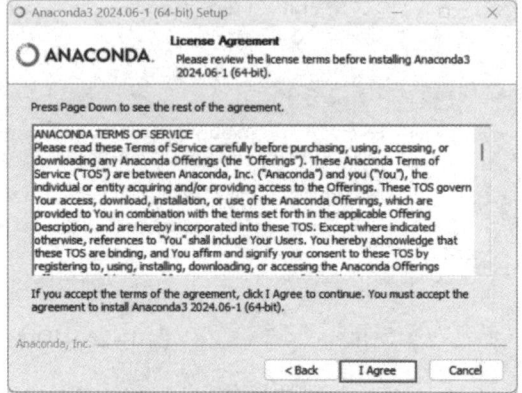

图 1-28　Anaconda 安装（2）

（2）在选择安装类型界面，选中"Just Me(recommended)"单选按钮，表示能够执行该 Anaconda 版本的用户只能是本人，这是系统推荐的方式。然后单击"Next"按钮，如图 1-29 所示。

（3）在选择安装位置界面，单击"Browse"按钮，选择 Anaconda 的安装路径。如果不设置安装路径，系统将使用默认安装路径。本例中将安装位置修改为"D:\anaconda3"，然后单击"Next"按钮，如图 1-30 所示。

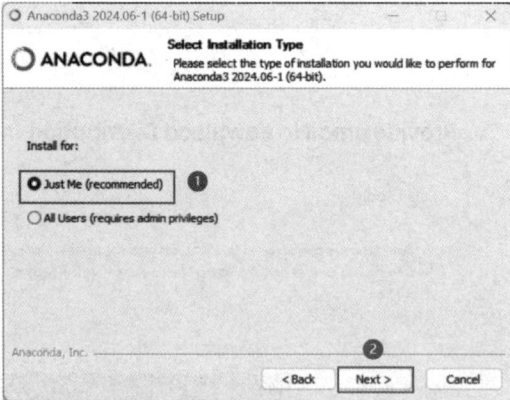

图 1-29　Anaconda 安装（3）

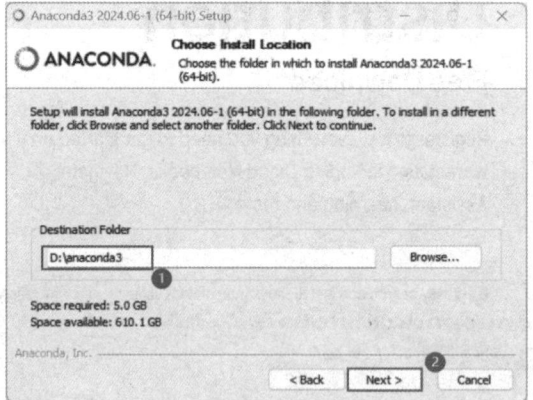

图 1-30　Anaconda 安装（4）

（4）如图 1-31 所示，如果之前已经安装过其他版本的 Python，在"高级安装选项"界面，可以不勾选"Add Anaconda3 to my PATH environment variable"复选框，在 Anaconda 安装完成之后再手动完成环境变量的配置；也可以直接将原来安装 Python 的整个文件夹复制到 Anaconda 的 envs 目录下，由 Anaconda 进行统一管理。完成安装选项设置后，单击"Install"按钮。

（5）系统进入安装状态，单击"Next"按钮，直到安装完成，具体如图 1-32～图 1-34 所示，最后单击"Finish"按钮。

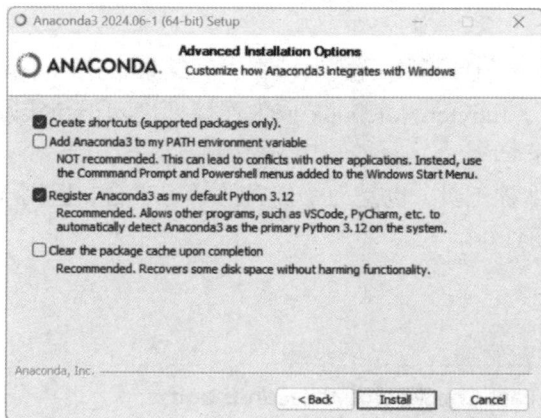

图 1-31 Anaconda 安装（5）

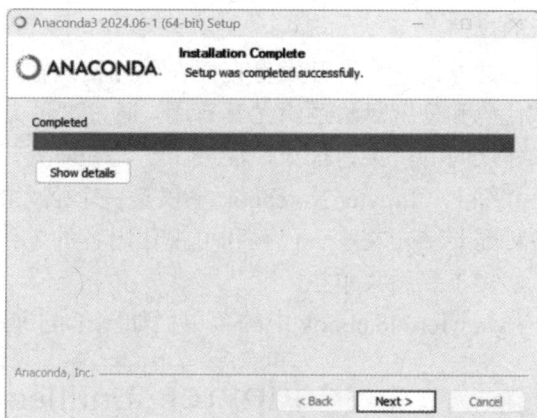

图 1-32 Anaconda 安装（6）

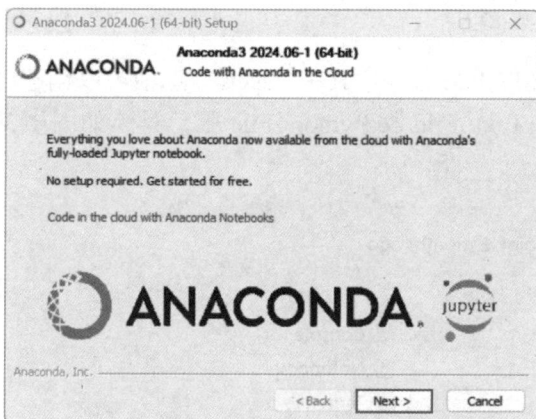

图 1-33 Anaconda 安装（7）

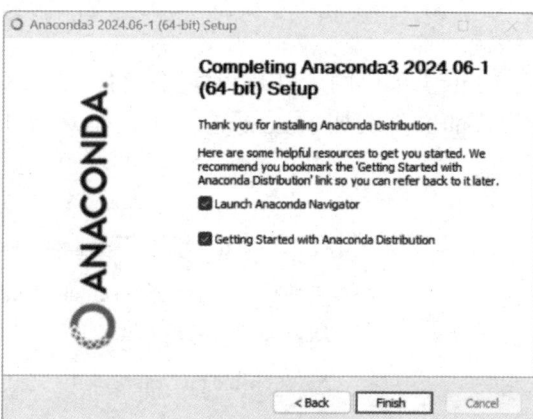

图 1-34 Anaconda 安装（8）

3. 熟悉 Jupyter Notebook 的应用

（1）安装完成后，从【开始】菜单中打开 Jupyter Notebook，用户可在其中编写、运行代码，查看输出结果，进行数据可视化操作。Jupyter Notebook 本质上是一个笔记本，可以将代码、带格式的文本、图片等整合在一个文档中。

（2）熟悉 Jupyter Notebook 的优点。

第一，便于代码分块运行。Jupyter Notebook 允许用户将代码分割成多个单元格（Cell），每个单元格可以独立运行。这意味着开发者可以逐步构建程序，每完成一部分就立即测试其功能，而无须一次性运行整个脚本。这种方式极大地提高了开发效率，尤其是在处理大型或复杂的项目时。

第二，自动保存运行结果。Jupyter Notebook 能够自动保存运行过程中的输出结果，包括图表、计算结果等。这一特性不仅可避免因意外关闭或系统崩溃导致的数据丢失问题，还意味着在重新打开 Notebook 文件时，之前执行过的代码及其结果仍然可见，无须再次执行相同的代码来恢复状态。

第三，支持高度的交互性和探索性编程。Jupyter Notebook 提供一个非常友好且直观的环境，适合进行探索性数据分析和实验性编程。在这样的环境中，用户可以即时接收代码执行后的反馈。

此外，它允许开发者直接在单元格内输出变量值或调用函数来检查中间结果，这对于调试代码和理解算法逻辑尤其有用。通过这种方式，Jupyter Notebook 成为连接理论知识与实际操作之间的桥梁，极大地促进了学习和研究过程。

综上，Jupyter Notebook 不仅是一个强大的编程工具，也是一个优秀的学习平台，适用于各种需要结合文本、代码和可视化内容的工作场景。

（3）熟悉菜单栏。

Jupyter Notebook 中的菜单栏如图 1-35 所示。

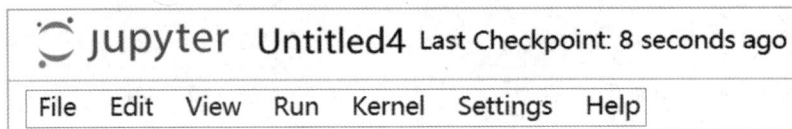

图 1-35　菜单栏

【File】菜单用于打开和存储文件，也可对文件重命名等。其中"New"选项可以创建各种类型的文件，如 Notebook、Markdown File、Text File 及 Python File 等，具体如图 1-36 所示。

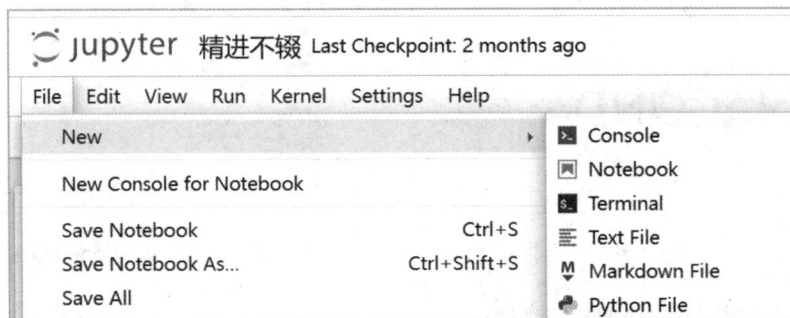

图 1-36　【File】菜单"New"选项

【Edit】菜单提供一系列编辑单元格的操作，如剪切、复制、粘贴、删除单元格等，同时支持用多种快捷键提高编辑效率。

【View】菜单提供调整视图和界面显示的选项，如显示或隐藏标题栏、工具栏、行号和右侧边距，以及控制输出区域的折叠与展开等。

【Run】菜单提供快速运行单元格的选项，包括运行选中的单元格、运行所有单元格、运行当前单元格之前或之后的所有单元格。

【Kernel】菜单提供管理内核的选项，包括中断或重启内核，以及更改内核类型，确保代码的顺利执行和调试。

【Settings】菜单提供配置 Jupyter Notebook 的选项，如更改主题、设置快捷键等，以设置个性化界面和优化用户体验。

【Help】菜单提供帮助文档和资源链接，可查看快捷键列表、用户手册和官方文档，帮助用户更好地理解和使用 Jupyter Notebook。其中，使用"Keyboard shortcuts"选项可以查看快捷键。

（4）熟悉工具栏。

Jupyter Notebook 的工具栏如图 1-37 所示，各项工具图标的功能介绍如下。

图 1-37 工具栏

工具栏第一行的第一个图标表示保存，Jupyter Notebook 具有自动保存功能，默认 2 分钟后自动保存。第二个图标表示在下方插入单元格，后面的图标依次表示剪切单元格、复制单元格、粘贴单元格、运行当前单元格、中断运行、重启内核、重启内核并运行所有单元格、模式选择。

工具栏第二行的图标依次表示复制单元格、将选中的单元格上移、将选中的单元格下移、在选中的单元格上面插入单元格、在选中的单元格下面插入单元格及删除单元格内容。

4. 编写并运行代码

在 Jupyter Notebook 中创建一个新的 Notebook 文件，命名为"我的首个 Python 程序"，要求输出"Hello,world!"。

（1）新建文件。

如图 1-38 所示，单击界面右上角的"New"按钮，打开下拉菜单，选择"Notebook"，新建一个 Notebook 文件"Untitled3"。如果选择"New Folder"，可新建文件夹。

视频讲解

我的首个 Python 程序

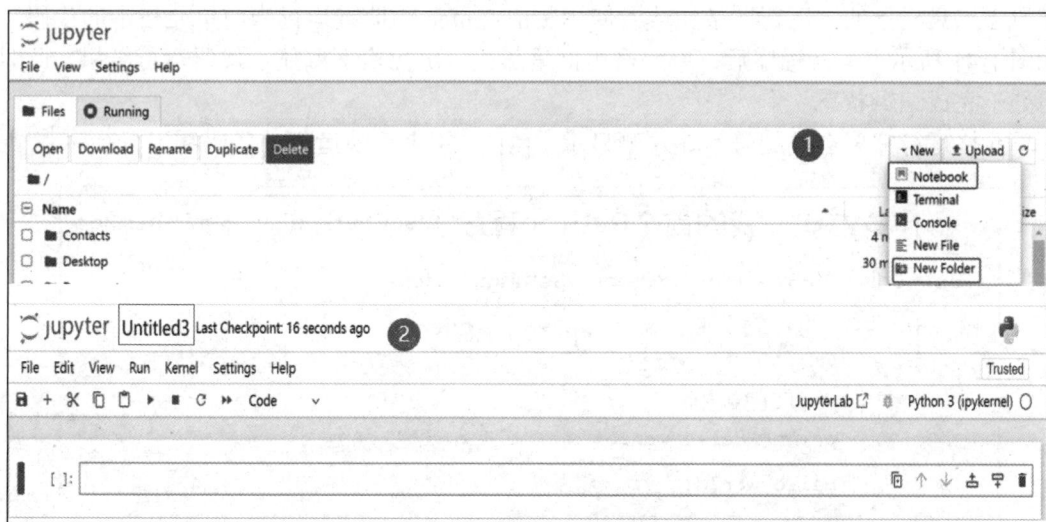

图 1-38 新建 Notebook 文件

（2）文件重命名。

如图 1-39 所示，单击文件左上角的文件名"Untitled3"，打开"重命名"对话框，修改文件名为"我的首个 Python 程序.ipynb"，单击"Rename"按钮，完成文件重命名。

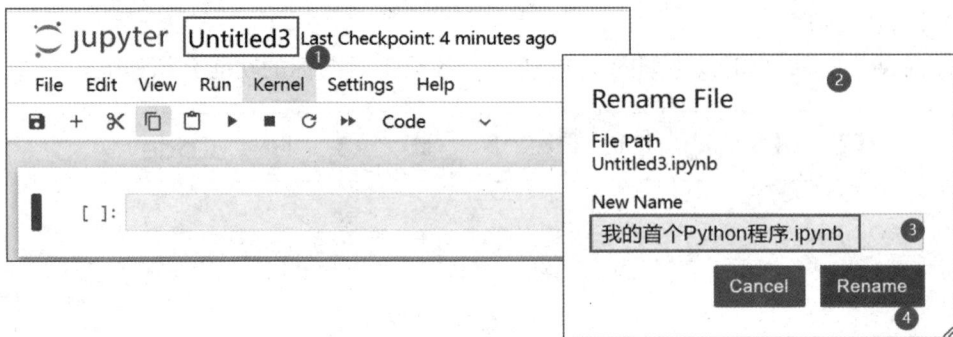

图 1-39　重命名 Notebook 文件

（3）编辑程序。

如图 1-40 所示，在单元格中编写代码 print('Hello,world!')，此时单元格处于编辑状态。

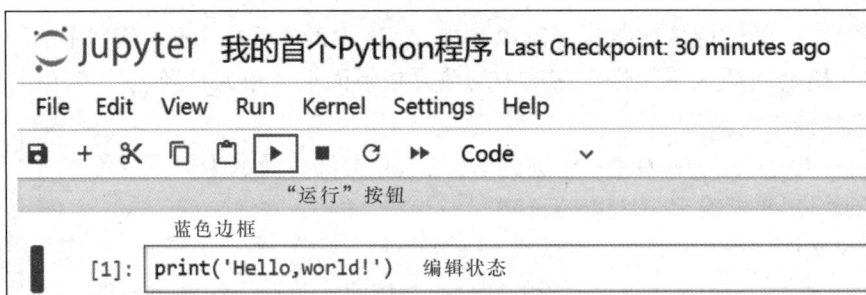

图 1-40　编辑程序

（4）运行程序。

单击工具栏上的"运行"按钮或者使用 Ctrl+Enter 快捷键运行当前单元格中的代码，结果如图 1-41 所示。运行程序后，单元格边框呈灰色，单元格下方显示代码运行结果，此时单元格处于完成编辑状态。

单元格运行完毕会被编号，在左侧显示"[2]"，用来反映运行的代码和运行顺序。

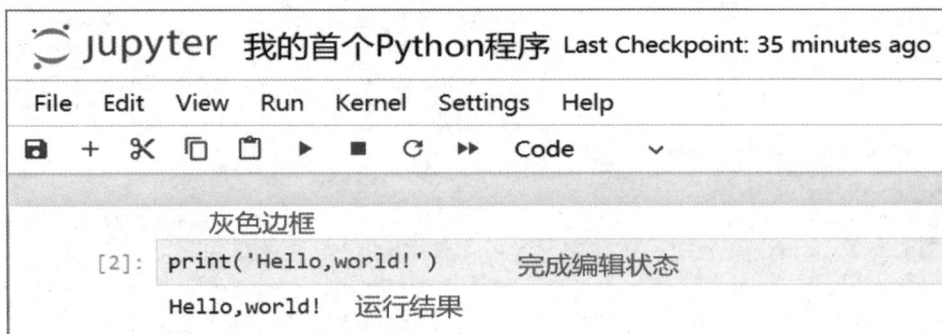

图 1-41　运行程序

（5）保存代码。

代码运行完成后，可以单击"保存"按钮或利用【File】菜单中的保存功能对 Notebook 进行保存。

职场新动态

如何用 Python 提升未来竞争力

财会人员作为企业不可或缺的一部分，承担着财务管理、会计核算等重要职责。随着信息技术的不断发展，Python 等编程语言在财会领域的应用越来越广泛，为财会人员提供了更多提升竞争力的机会。如何利用 Python 提升未来竞争力？下面分别从 Python 在财会领域的应用、学习 Python 的方法和技巧，以及财会人员如何结合 Python 进行实践和创新 3 个方面进行阐述。

1. Python 在财会领域的应用

Python 作为一种功能强大的编程语言，在财会领域具有广泛的应用场景。主要在以下方面发挥重要作用。

（1）数据处理与分析。财会人员需要处理大量的财务数据，包括财务报表、预算、成本分析相关数据等。Python 提供丰富的数据处理和分析库，如 Pandas、NumPy 等，可以高效地处理数据，实现数据清洗、转换、分析和可视化等功能，提高数据处理效率和质量。

（2）自动化与脚本编写。财会人员经常需要执行一些重复性的任务，如数据录入、报表生成等。通过 Python 编写脚本，可以实现自动化操作，减少人工干预，提高工作效率。此外，Python 还可以与其他办公软件进行集成，实现自动化办公。

（3）财务建模与预测。Python 具有强大的数学建模和预测能力，可以帮助财会人员构建财务模型，进行风险评估和预测。例如，可以利用 Python 进行时间序列分析、回归分析等，预测企业未来的财务状况和经营趋势。

2. 学习 Python 的方法和技巧

对于财会人员来说，学习 Python 可能是一个全新的挑战。以下是一些学习 Python 的方法和技巧，能帮助财会人员更好地掌握这门编程语言。

（1）选择合适的学习资源。学习 Python 的第一步是选择合适的学习资源。可以通过在线课程、教程、书籍等进行学习。对于初学者来说，建议选择一些基础入门课程，了解 Python 的基本语法和常用库。

（2）实践为主，理论为辅。学习 Python 需要注重实践，在掌握基本语法后，多进行实际操作，通过编写简单的程序来巩固所学知识；也要注重理论学习，了解 Python 的编程思想、数据结构和算法等基础知识。

（3）参加社群和论坛。加入 Python 学习社群或论坛，与其他学习者交流经验和技巧，可以获得更多的学习资源和帮助。在社群中，你可以向其他学习者请教问题，分享自己的心得和作品，与他们共同进步。

3. 财会人员如何结合 Python 进行实践和创新

掌握了 Python 的基本知识和技巧后，财会人员可以将其应用于实际工作中，进行实践和创新。以下是一些具体的建议。

（1）优化数据处理流程。利用 Python 的数据处理和分析能力，优化财会数据处理流程。可以通过编写自动化脚本，减少人工干预和错误率，提高工作效率。同时，可以利用 Python 进行数据可视化，使数据更加直观易懂。

（2）构建财务模型与预测系统。利用 Python 的数学建模和预测能力，通过对历史数据的分析和挖掘，构建财务模型与预测系统。预测企业未来的财务状况和经营趋势，为企业的决策提供有力支持。

（3）创新财务管理方式。Python 的灵活性和可扩展性可为财会人员提供创新的空间。可以根据企业的实际需求，结合 Python 开发定制化的财务管理系统或工具，提高财务管理的效率和精度。

（4）关注前沿技术与应用。随着人工智能、大数据等技术的不断发展，Python 在财会领域的应用将不断拓展。财会人员需要保持对前沿技术的关注和了解，通过关注新技术和应用案例，可以不断拓宽自己的视野和知识面，为未来的职业发展打下坚实基础。

越来越多的公司对应聘者的业务数据分析能力特别看重。摩根大通 CEO 宣布所有入职资产管理分析师必须学习 Python，国内许多企业的财务岗位要求中也纷纷列出“会 Python 者优先考虑”等这样的招聘条件，如图 1-42 所示。

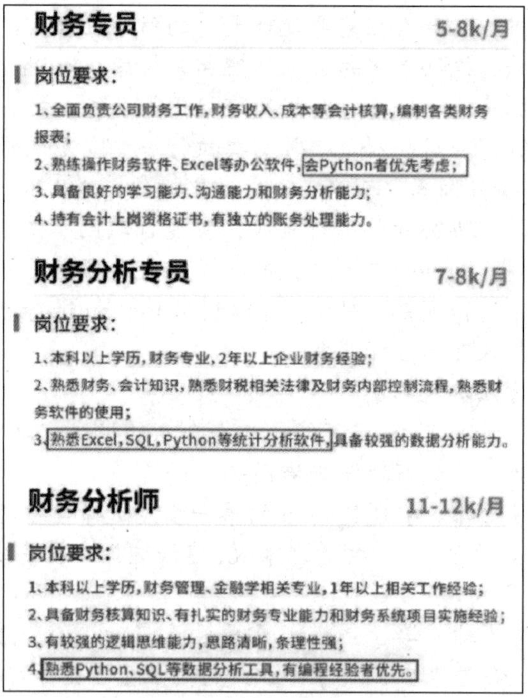
财务专员 5-8k/月

岗位要求：

1、全面负责公司财务工作，财务收入、成本等会计核算，编制各类财务报表；
2、熟练操作财务软件、Excel等办公软件，会Python者优先考虑；
3、具备良好的学习能力、沟通能力和财务分析能力；
4、持有会计上岗资格证书，有独立的账务处理能力。

财务分析专员 7-8k/月

岗位要求：

1、本科以上学历，财务专业，2年以上企业财务经验；
2、熟悉财务、会计知识，熟悉财税相关法律及财务内部控制流程，熟悉财务软件的使用；
3、熟悉Excel，SQL，Python等统计分析软件，具备较强的数据分析能力。

财务分析师 11-12k/月

岗位要求：

1、本科以上学历，财务管理、金融学相关专业，1年以上相关工作经验；
2、具备财务核算知识、有扎实的财务专业能力和财务系统项目实施经验；
3、有较强的逻辑思维能力，思路清晰，条理性强；
4、熟悉Python、SQL等数据分析工具，有编程经验者优先。

图 1-42 招聘条件举例

Python 作为一种功能强大的编程语言，在财会领域具有广泛的应用前景。财会人员通过学习和掌握 Python，可以提升自己的数据处理、自动化办公、财务建模和趋势预测等方面的能力，增强自己的职业竞争力。也可以结合 Python 进行实践和创新，为企业的发展贡献更多的价值。因此，对于财会人员来说，学习 Python 是一项非常有价值的投资和选择。

践悟行知

千里之行，始于足下。在这个瞬息万变的世界里，我们总是面临着各种各样的挑战和机遇。不要等待所谓的“完美时机”，坚定地迈出第一步，勇敢地迎接每一个挑战，抓住每一个机遇，才能创造属于自己的辉煌人生。

精进不辍

一、判断题

1. 大数据指的是数据量非常庞大的数据集。　　　　　　　　　　　　　（　　　）

2. 大数据的 8V 特征包括体积（Volume）、速度（Velocity）、多样性（Variety）、价值（Value）、准确性（Veracity）、可见性（Visibility）、复杂性（Complexity）和可变性（Volatility）。

（　　　）

3. 结构化数据是指可以用一维表结构来表达的数据。　　　　　　　　　（　　　）

4. 非结构化数据是指没有明确结构的数据，例如图像和视频。　　　　　（　　　）

5. 半结构化数据是指具有一定结构但又不完全结构化的数据，如 XML 文档。（　　　）

6. 数据采集存储是大数据流程的第一步。　　　　　　　　　　　　　　（　　　）

7. 数据预处理是为了清洗和转换数据，以便于进一步分析。　　　　　　（　　　）

8. 数据分析与挖掘是从数据中提取有价值的信息和知识的过程。　　　　（　　　）

9. 可视化呈现是将数据分析的结果以图表等形式展现给用户。　　　　　（　　　）

10. 分布式数据处理技术是处理大规模数据集的一种关键技术。　　　　（　　　）

11. SQL 是一种用于管理和查询结构化数据的标准化语言。　　　　　　（　　　）

12. Python 是一种广泛应用于数据科学领域的面向对象编程语言。　　　（　　　）

13. 数据挖掘方法包括聚类、分类、回归分析等多种算法。　　　　　　（　　　）

14. 机器学习算法可以自动改进预测模型的准确性。　　　　　　　　　（　　　）

15. 统计分析方法主要用于探索数据之间的关系和趋势。　　　　　　　（　　　）

二、选择题

1. 大数据的哪个特征描述了数据的增长速度？（　　　　）
   A. 容量（Volume）　　　　　　　　　　　B. 速度（Velocity）
   C. 多样性（Variety）　　　　　　　　　　D. 价值（Value）

2. 下列哪种数据属于结构化数据？（　　　　）
   A. 文本文件　　　　B. 图像　　　　C. 视频　　　　D. Excel 表格

3. 在大数据流程中，哪个步骤负责清洗和格式化数据？（　　　　）
   A. 数据采集存储　　　　　　　　　　　B. 数据预处理
   C. 数据分析与挖掘　　　　　　　　　　D. 可视化呈现

4. 下列哪个工具不属于分布式数据处理技术？（　　　　）
   A. Hadoop　　　　B. Spark　　　　C. MySQL　　　　D. MapReduce

5. SQL 主要用于什么类型的数据？（　　　　）
   A. 结构化数据　　　B. 非结构化数据　　　C. 半结构化数据　　　D. 以上都可以

6. Python 在数据科学领域的主要应用不包括以下哪种？（　　　　）
   A. 数据清洗　　　　B. 数据可视化　　　　C. 机器学习　　　　D. 游戏开发

7. 下列哪种数据属于非结构化数据？（　　　　）
   A. HTML 文档　　　B. JSON 文件　　　C. CSV 文件　　　D. PDF 文档

8. 在大数据流程中，哪个步骤负责从数据中提取模式和趋势？（　　）
   A. 数据采集存储　　　　　　　　　　B. 数据预处理
   C. 数据分析与挖掘　　　　　　　　　D. 可视化呈现
9. 下列哪个算法不属于数据挖掘方法？（　　）
   A. 决策树　　　　B. k-means 聚类　　C. 线性回归　　D. RSA 加密
10. 机器学习算法的一个重要组成部分是什么？（　　）
    A. 数据采集　　　B. 特征工程　　　C. 数据可视化　　D. 数据清洗
11. 统计分析方法主要用于哪些方面？（　　）
    A. 数据采集　　　　　　　　　　　B. 数据预处理
    C. 探索数据之间的关系　　　　　　D. 数据可视化呈现
12. 下列哪个工具不是用于数据可视化的？（　　）
    A. Matplotlib　　　B. Seaborn　　　C. Pandas　　　D. Plotly
13. 在大数据处理中，MapReduce 是用来做什么的？（　　）
    A. 存储数据　　　B. 清洗数据　　　C. 并行处理数据　　D. 可视化数据
14. 下列哪个是半结构化数据的例子？（　　）
    A. Word 文档　　　B. Excel 表格　　　C. XML 文档　　　D. PNG 图像
15. Python 的哪种特性使其非常适合用于数据科学？（　　）
    A. 高性能计算　　　B. 易于学习　　　C. 强大的库支持　　D. 以上都是

三、操作题

在官网下载并安装 PyCharm，创建 PyCharm 文件并输出指定内容。

1. 在 PyCharm 官网根据操作系统类型，选择下载 PyCharm 安装包并安装。
2. 创建文件"Python 学习箴言"，输出"知之愈明，则行之愈笃；行之愈笃，则知之益明。"

项目二

Python 语法初体验

学习目标

知识目标

◆ 了解 Python 的注释规则及代码缩进等书写规则

◆ 理解标识符与保留字，认识运算符，掌握数据类型、变量命名规则及运算符优先级

技能目标

◆ 熟练掌握变量定义及赋值方法，能够根据需要定义变量

◆ 能够正确运用运算符进行各种运算操作，建立表达式

◆ 熟练运用 print()函数与 input()函数输出、格式化输出及输入各种类型数据

素养目标

◆ 理解并遵守代码规范，养成良好的编程习惯

◆ 勤学善思，培养严谨的工作态度和专注的职业精神

内容框架

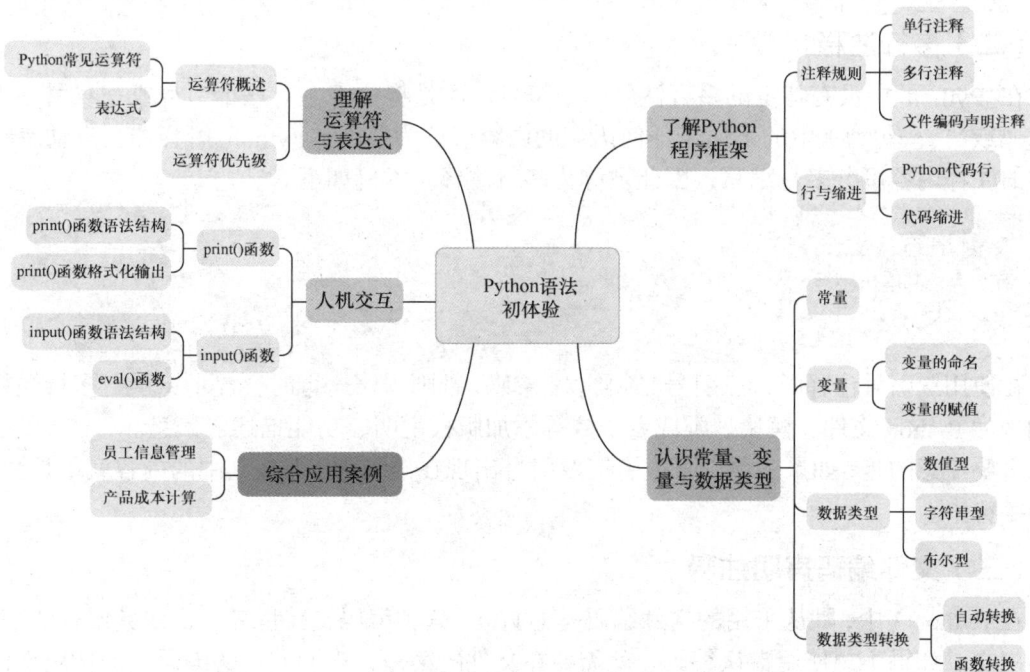

砥志研思

"合抱之木，生于毫末；九层之台，起于累土。"信息技术应用是科技基础能力建设的重要组成部分。坚定学习先进信息技术的信念，从点滴开始，循序渐进，久久为功。就像建筑物需要坚实的地基一样，学习 Python 应从建立扎实稳定的编程基础开始。

【关键词】科技基础能力建设　Python 编程基础　循序渐进

任务一　了解 Python 程序框架

一、注释规则

注释是用来解释代码的，是程序员在代码中添加的对代码功能进行解释说明的标注性文字，它可以帮助程序员等使用者更好地阅读和理解代码。注释的内容会被 Python 解释器忽略，不会在执行结果中体现出来。

在 Python 中，通常包括 3 种类型的注释，分别是单行注释、多行注释和文件编码声明注释。

（一）单行注释

在 Python 中，使用#作为单行注释的符号。从符号#开始直到换行为止的所有内容都作为注释的内容而被 Python 解释器忽略。举例如下。

```
# Python 在财务领域中的应用非常广泛
```

单行注释可以放在要注释的代码的前一行，也可以放在要注释的代码的右侧。注释一定不能分隔保留字和标识符，并且注释要有意义，要能充分体现代码的作用，便于使用者理解代码。在 Windows 或 Linux 下的编辑器中，将语句变成注释的快捷键为"Ctrl+/"。

（二）多行注释

在 Python 中没有特定的多行注释标记符号，而是将位于一对三单引号或三双引号（即''' …… '''或""" …… """）中的不属于任何语句的内容默认为注释，Python 解释器会自动忽略。这样的注释内容可分多行编写，因此被称为多行注释。举例如下。

```
'''
这是一段多行注释
版权所有：人民邮电出版社
创作者：×××
'''
```

在使用三引号注释时，三引号必须成对出现，否则程序运行时会提示错误。多行注释通常用来为 Python 文件、模块、类或者函数等添加版权说明、功能描述等信息。

需要注意的是，如果三单引号或者三双引号出现在语句中，那么其中的内容就不是注释，而是字符串。

（三）文件编码声明注释

在 Python 3 中，默认采用的文件编码是 UTF-8。这种编码支持世界上大多数语言的字符，包括中文。如果不想使用默认编码，就需要在文件的第一行声明文件的编码，即使用文件编码声明注释。语法格式如下。

```
# coding:编码
```

或者

```
# coding=编码
```

其中"编码"为文件所使用的字符编码类型，如果采用 GBK，则设置为 gbk 或 cp936。例如，指定编码为 GBK，可以使用以下注释。

```
# -*- coding:gbk -*-
```

在上述语法格式中，"-*-"没有特殊的作用，只是为了美观才加上的，可以删去。

二、行与缩进

（一）Python 代码行

Python 程序是由符合 Python 语法的代码行构成的，一般用代码的行号标记代码。代码行是通过逻辑顺序和缩进规则来组织的，而非行号。行号主要用于辅助开发过程中的代码定位。示例 2-1 中的代码共有 3 行语句。

【示例 2-1】Python 代码行。

```
print('Hello Python!')    # 第1行
a,b=1,2                   # 第2行
print(a+b)                # 第3行
```

运行结果：

```
Hello Python!
3
```

在 Python 中，通常是一行书写一条语句，如果要在一行内书写多条语句，就需要使用分号分隔。

【示例 2-2】在一行内书写多条语句。

```
# 两条print语句写在一行，中间用分号隔开
print('加强会计信息化建设');print('鼓励依法采用现代信息技术开展会计工作')
```

运行结果：

```
加强会计信息化建设
鼓励依法采用现代信息技术开展会计工作
```

此外，如果语句很长，则可以使用反斜杠（\）来实现换行，但是包含在[]、{}或()中的多行语句则不需要使用反斜杠换行。注意：以反斜杠结尾的行，不能加注释；反斜杠也不能拼接注释。

【示例 2-3】长语句换行输出。

```
print('''鼓励
依法采用现代信息技术开展会计工作''')
```

运行结果：

```
鼓励
依法采用现代信息技术开展会计工作
```

（二）代码缩进

代码缩进是指每行语句前的空白区域。Python 不像其他程序设计语言（如 R、Java 和

C++等）那样采用花括号"{}"分隔代码块，而是采用代码缩进和冒号":"区分代码之间的层次。

Python 中一般的代码不需要缩进。在进行类定义、函数定义，书写流程控制语句及异常处理语句时需要使用缩进表示层次关系。以行尾的冒号和下一行的缩进表示一个代码块的开始；缩进结束，则表示一个代码块的结束。

缩进可以使用空格或者 Tab 键实现。如果使用空格，则通常情况下采用 4 个空格（英文半角）作为 1 个缩进量；如果使用 Tab 键，则按 1 次 Tab 键实现 1 个缩进量。

Python 对代码的缩进要求非常严格，同一个级别的代码块的缩进量必须相同。如果不采用合理的代码缩进，将抛出 SyntaxError 异常。有关代码缩进的应用见"项目四 流程控制"。

任务二　认识常量、变量与数据类型

按照在程序运行时是否会发生改变，Python 将数据分为常量和变量两种类型。

一、常量（Constant）

程序运行时不会发生变化的固定数据，称为常量。常量一旦创建，其值在运行中不能被修改。Python 中没有提供限制改变一个常量的值的特殊语法，但有一些约定俗成的使用规范：常量的命名一般全部使用大写字母，如 PI（圆周率）、E（自然对数）等，以此声明在程序运行中不可修改其值。常量可以是数字、字符串、布尔值等。

> 📖 **扩展阅读**
>
> **Python 内置常量**
>
> 　　Python 中除了可以自定义常量外，还有一些内置常量。这些内置常量在程序设计中扮演着非常重要的角色，如 True、False 和 None。这 3 个内置常量有着特定的含义和用途，了解它们可以帮助开发者更高效地编写代码。
>
> 　　True 表示真值，False 表示假值，在条件判断语句中，二者经常被用来决定代码的执行路径。None 是一个特殊的空值常量，它不同于数字 0、空字符串""、空列表[]等具有明确的值或结构，None 代表不存在任何值。True、False 和 None 都不能被重新赋值，否则会导致语法错误。

二、变量（Variable）

变量是计算机中能存储计算结果或表示值的抽象概念。简单地说，变量是计算机内存中的一块区域，可以存储规定范围内的值，且值可以改变。

（一）变量的命名

变量由变量名构成，并通过赋值符号被赋予一定的值。变量名一般由字母（严格区分大小写，最好选用小写字母）、数字和下划线组合而成，不能包含下划线以外的特殊符号（如%、#、&、，等）和空格字符，不能以数字开头，也不可使用 Python 保留字。变量名应既简短又具有描述性，慎用小写字母 l 和大写字母 O，因为它们容易被人误看成数字 1 和 0。

📖 **扩展阅读**

Python 中的保留字

Python 预先定义了一部分有特别意义的标识符，由 Python 自身使用。这部分标识符称为关键字或保留字，它们不能有其他用途，否则会引起语法错误。Python 内置了保留字，具体如表 2-1 所示。Python 中的保留字严格区分大小写。

表 2-1　　　　　　　　　　　　　Python 中的保留字及说明

保留字	说明	保留字	说明
and	用于表达式运算，逻辑"与"	finally	用于异常语句，出现异常后，始终要执行 finally 的代码块，与 try、except 结合使用
None	表示一个空对象或无效对象		
as	用于类型转换	from	用于导入模块，与 import 结合使用
assert	断言，用于判断变量或条件表达式的值是否为真	if	与 else、elif 结合使用
break	中断循环语句的执行	global	定义全局变量
class	用于定义类	or	用于表达式运算，逻辑"或"
continue	继续执行下一次循环	in	判断变量是否在序列中
def	用于定义函数或方法	is	判断变量是否为某个类的实例
del	删除变量或序列的值	lambda	定义匿名变量
elif	条件语句，与 if、else 结合使用	not	用于表达式运算，逻辑"非"
else	条件语句，与 if、elif 结合使用，也可用于异常和循环语句	import	用于导入模块，与 from 结合使用
except	except 包含捕获异常后的操作代码块，与 try、finally 结合使用	try	try 包含可能会出现异常的语句，与 except、finally 结合使用
for	for 循环语句	raise	抛出异常操作
return	用于从函数返回计算结果	pass	空的类、方法、函数的占位符
while	while 的循环语句	with	简化 Python 语句
yield	用于从函数依次返回值	nonlocal	用来声明外层的局部变量
False	布尔型的值，表示"假"，与 True 相反	True	布尔型的值，表示"真"，与 False 相反

👉 **牛刀小试**

下列变量命名错误的有哪些？

① 13_nett　　　② None　　　③ true　　　④ Book Author　　　⑤ K_abc
⑥ result　　　⑦ Class　　　⑧ #ave5　　　⑨ Add.net　　　⑩ num_1
⑪ my_variable　　　⑫ _private_var　　　⑬ ClassName　　　⑭ var123

解答：① 13_nett（以数字开头）；② None（保留字）；④ Book Author（包含空格）；⑧ #ave5（包含特殊字符）；⑨ Add.net（包含特殊字符）。

📖 **扩展阅读**

Python 中常用的命名方法

（1）驼峰命名法。

驼峰命名法通过混合使用大小写字母来构成变量和函数的名字，以增强代码的可读性和可维护性。驼峰命名法可以分为小驼峰命名法和大驼峰命名法两种。

采用小驼峰命名法，当标识符是一个单词时，首字母小写，如 name；当标识符由多个单词组成时，第一个单词的首字母小写，后续单词的首字母大写，如 myStudentCount、myFirstName。这种命名方式常用于变量名、函数名等。

采用大驼峰命名法，当标识符只有一个单词时，首字母大写，如 Name；当标识符由多个单词组成时，所有单词的首字母均大写，如 FirstName、LastName。这种命名方式常用于类名、属性名、命名空间等。

驼峰命名法通过单词首字母的大小写变化来区分，避免在命名时使用下划线或空格等字符，使得代码更加紧凑和易于阅读。

（2）下划线命名法。

在 Python 中，下划线命名法是一种约定俗成的命名方法，用于传达代码的作用。实际运用中，模块名和包名通常使用小写字母加下划线的风格，如 lower_with_under.py。类名通常使用大写字母开头的单词（驼峰命名法），如 MyClass。函数名和变量名通常使用小写字母和下划线的组合，如 my_function 或 my_variable。

Python 的官方风格指南（PEP 8）推荐将下划线命名法用于函数名和变量名，而将大驼峰命名法用于类名。

（二）变量的赋值

Python 中的变量不需要声明，每个变量在使用前都必须赋值。变量的赋值操作包含变量的声明和定义的过程。

变量是用来存储数据的，通过标识符可以获取变量的值，也可以对变量进行赋值。赋值完成后，变量所指向的存储单元存储被赋予的值。

1. 单一变量赋值

Python 利用等号 "="（在编程中称为赋值符号）为变量赋值，赋值符号左边是变量名称，右边是存储在变量中的数据值。

【示例 2-4】定义常量与单一变量赋值。

```
PI=3.14            # 定义一个常量 PI
age_w=22           # 定义一个变量 age_w
print(age_w)
```

运行结果：

```
22
```

上述代码中变量名为 age_w，变量取值为 22。用户可以通过赋值改变变量的取值，进行各种数值运算。

2. 多个变量赋值

Python 还支持同时为多个变量赋值以及为不同变量赋予不同数据类型的值。

【示例 2-5】同时为多个变量赋值。

```
a,b,c,d=5,1+1,'you','中国'        # 同时为 a、b、c、d 这 4 个变量赋值
print(a,b,c,d)
```

运行结果：

```
5 2 you 中国
```

上例中，Python 同时为 a、b、c、d 4 个变量赋值，数据类型有数字和字符串两种。

需要注意的是，代码中的"="表示赋值，而数学中的"="表示相等，若想在代码中表示相等的含义，应使用"=="（见本项目的"任务三　运算符"部分），读者应加以理解和区分。

📖**扩展阅读**

一切皆是对象

在 Python 中，一切数据都是以对象（Object）的形式存在的，对象是数据的抽象表示形式，用来表示某种数据类型的任意实例，如变量、函数、模块等都是对象。对象是 Python 语言中最基本的概念之一。

Python 中每个对象除了有名称之外，还有 3 个属性：数据类型、值和身份。其中，数据类型决定对象可以保存什么样的值；值代表对象表示的具体取值；身份就是内存地址，它是每个对象的唯一标识 id，对象被创建以后身份不会再发生任何变化。

三、数据类型

数据类型是指在编程语言中用于定义变量或数据项的类别，不同类别的数据具有不同的特征。

Python 内置的数据类型主要包括数值（Number）、字符串（String）、布尔型（Bool）、列表（List）、元组（Tuple）、字典（Dictionary）和集合（Set）等。其中，前 3 种属于基础数据类型，后 4 种属于高级数据类型。这里主要介绍数值型、字符串型和布尔型，列表等高级数据类型的应用见项目三。

（一）数值型

在 Python 中，数值分为整型（int）、浮点型（float）和复数（complex）三种，常用的是整型和浮点型。

整型（int）数值包括正整数、负整数和 0，不带小数点。例如，10、-200 和 0 都属于整型数值。

浮点型（float）数值由整数部分和小数部分组成，带小数点。例如，3.14 和-0.001 都是浮点型数值。

整型数值和浮点型数值根据是否有小数点来区分，比如 3 是整型数值，而 3.0 是浮点型数值。

‼️**提示**

在 Python 中，可以通过 type()函数来获取某个变量的数据类型。例如，type(42)将返回 <class 'int'>，表明 42 是一个整型数值。

（二）字符串型

字符串，即一串字符，是 Python 中最常用的数据类型之一。字符串是以单引号或双引号引起来的任意文本，可以是数字、字母、汉字和符号等任何字符。

单引号或双引号只用来标记字符串的开始和结束，并不是字符串的一部分，它们必须成对出现。如果需要创建一个跨行的字符串，可以使用三单引号或者三双引号。

在 Python 中，字符串是不可变的，这意味着一旦创建一个字符串，就不能更改其内容。

【示例 2-6】输出变量的数据类型。

```
a=2024                                    # 定义一个数值型变量
b='2024'                                  # 定义一个字符串型变量
print('变量 a 的数据类型是',type(a))        # 输出变量 a 的数据类型
print('变量 b 的数据类型是',type(b))        # 输出变量 b 的数据类型
```

运行结果：

```
变量 a 的数据类型是 <class 'int'>
变量 b 的数据类型是 <class 'str'>
```

1. 转义字符与原字符

当一个字符串内部存在单引号或双引号的时候，系统无法识别该引号是字符串标识还是字符串内容，就会报错。这时候可以通过转义字符进行区分，也可以搭配使用单引号、双引号或三引号区别字符串标识及字符串内容。

转义字符用"\"表示，通过在某些字符前加上"\"用来表示特别的含义。常用的转义字符如表 2-2 所示。

表 2-2   常用转义字符

转义字符	描述说明
\'	单引号
\"	双引号
\t	制表符，用于横向跳到下一个制表位
\n	换行符
\r	回车符，光标移至本行最前
\\	反斜杠

【示例 2-7】转义字符应用。

```
# 输出字符串：输出'2024 年 7 月份的利润表'
print("输出'2024 年 7 月份的利润表'")        # 用双引号做字符串标识
print('输出\'2024 年 7 月份的利润表\'')       # 通过转义字符\区分字符串内容中的单引号
# 输出文件路径：'E:\Python\note\teacher'
print('E:\\Python\note\teacher')          # 转义字符\\、\n、\t 自动转义
```

运行结果：

```
输出'2024 年 7 月份的利润表'
输出'2024 年 7 月份的利润表'
E:\Python
ote	eacher
```

【示例 2-8】原字符应用。

```
# 输出文件路径：'E:\Python\note\teacher'
print(r'E:\Python\note\teacher')          # 用原字符 r 避免字符转义
```

运行结果：

```
E:\Python\note\teacher
```

本例中字符串里出现了和转义字符一样的文本内容（\\、\n、\t），若不加处理，计算机会把它当成转义字符去理解。因此，\\被视为反斜杠，\n 被视为换行符，\t 被视为制表符，输出的文件路径将面目全非。这时候只需要在字符串前面加上字母 r，系统就会把字符串看成纯字符串，不会进行转义。这里的字母 r 被称为原字符。

2. 字符串索引与切片

在 Python 中，字符串（String）是一种不可变的序列，用于存储文本信息。作为序列的一种，字符串中的每个字符都有其固定的位置，这些位置通过数字标识，称为索引（index）。索引允许我们通过指定位置来访问或操作字符串中的特定字符。Python 支持两种索引方式：正索引（正向索引）和负索引（反向索引）。

正索引是指从左到右依次为字符串中每一个字符编号，默认从 0 开始，依次加 1，最大范围比字符串长度少 1。负索引是指从右到左，默认从-1 开始，依次减 1，最大范围是字符串开头，如图 2-1 所示。

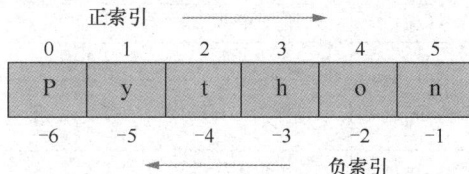

图 2-1　字符串元素及其对应索引

实际应用中常常需要从字符串中截取一个或一段字符，这种操作称为字符串切片。在 Python 中进行字符串切片操作时，其语法格式如下。

```
str[索引值 1:索引值 2:步长]
```

其中，"索引值 1"为起始索引值，"索引值 2"为终止索引值，"步长"表示索引从开始到结束的增减规律。步长为正，表示正索引；步长为负，表示负索引；当"索引值 1"省略时代表从最左侧开始，"索引值 2"省略时代表到字符串末尾终止，"步长"省略时代表步长为 1。

需要注意的是，切片的截取区间"前闭后开"，即包含起始索引的字符，不包含终止索引的字符。例如，str[0:3]表示从索引 0 开始，到索引 3 之前的所有字符；str[-3:-1]表示从索引-3 开始，到索引-1 之前的所有字符。

特殊情况下，如果起始索引值大于终止索引值且步长为正数，或者起始索引值的绝对值小于终止索引值的且步长为负数，切片将返回一个空字符串。

切片的起始索引值和终止索引值都可以是负数，表示从字符串末尾开始计数，当步长为负数时，切片会从后向前进行。步长不能为 0，否则会引发 ValueError 异常。

【示例 2-9】字符串索引与切片。

```
txt='Python 和 Excel'
print(txt[1])                    # 返回字符 y
print(txt[3:8])                  # 从索引 3 开始，一直到索引 8（不包括 8），返回"hon 和 E"
print(txt[-9:-4])                # 返回"hon 和 E"
print(txt[3:-4])                 # 返回"hon 和 E"
print(txt[:3])                   # 从最左侧开始，返回"Pyt"
```

运行结果：

```
y
hon 和 E
hon 和 E
hon 和 E
Pyt
```

举一反三

承接上例，指出 print(txt[:-5])，print(txt[-5:])，print(txt[-10:7])语句的执行结果。

解答：结果分别为"Python 和""Excel""thon 和"。

3. 字符串操作

除了使用数学运算符"+"和"*"进行字符串的顺次连接和复制连接操作外，Python 中还内置了大量字符串操作函数。常用的字符串函数如表 2-3 所示。假设 a='Account:银行存款'，表 2-3 中函数都是依据字符串 a 进行操作，不改变 a 的取值。

表 2-3　　　　　　　　　　　　常用字符串函数

函数	描述说明	示例	目标与结果
len()	返回序列长度	len(a)	返回字符串 a 的长度：12
x.lower	字符串大小写转换（大写变小写）	a.lower()	大写字母变小写，即 account:银行存款
x.upper	字符串大小写转换（小写变大写）	a.upper()	小写字母变大写，即 ACCOUNT:银行存款
x.count	统计字符串中某字符出现次数	a.count('c')	统计字符串中 c 出现次数：2
x.index	获取指定字符索引	a.index('t')	返回字母 t 的索引号：6
x.startswith	是否以某字符开始	a.startswith('a')	是否以字母 a 开头：False
x.endswith	是否以某字符结束	a.endswith('款')	是否以"款"字结尾：True
.join	用于将序列中的元素以指定分隔符连接成一个新字符串	'*'.join(a)	用*分隔 a 中元素形成新字符串，即 A*c*c*o*u*n*t*:*银*行*存*款
x.find	检测字符串是否包含子字符串，如果是则返回子字符串开始的索引号，否则返回-1	a.find('u') a.find('a')	是否包含字母 u：4 是否包含字母 a：-1
x.replace	将字符串中的旧字符串替换为新字符串	a.replace('nt','NT')	将 nt 替换成 NT，即 AccouNT:银行存款
x.strip	用于移除字符串头尾指定的字符（默认为空格）	a.strip('存款') a.strip('A')	去除"存款"，即 Account:银行 去除"A"，即 ccount:银行存款
x.split	将字符串分割成序列，通过指定分隔符对字符串进行切片	a.split(":")	通过冒号将a分割成两个切片：['Account', '银行存款']

牛刀小试

判断正误。

① 执行语句 print('sAsdfss'.strip('s'))将返回字符串 Asdfs。（　　）

② 执行语句 print('sAsdfss'.strip('a'))会出错。（　　）

③ 执行语句 print('Asdfss'.find('s'))将返回数字 1。（　　）

④ 执行语句 print('Asdfss'.find('a'))会出错。（　　）

解答：①错误，返回的是 Asdf；②错误，有返回且为 sAsdfss；③正确；④错误，有返回且为-1

（三）布尔型

布尔型数据只有 True 和 False 两个值，对应着逻辑上的真和假，表示条件语句的真假和逻辑运算的结果，常用于比较运算、逻辑运算及成员运算。

在 Python 中，布尔型数据和整数有着紧密的关联，布尔型数据可以作为整数，True 相当于整数 1，False 相当于整数 0。

四、数据类型转换

（一）自动转换

不同数据类型的数值参与运算时，会自动进行隐式类型转换，一般将整型数值转换为浮点型数值，或浮点型数值转换为复数数值。

【示例 2-10】数据类型自动转换。

```
a=2+1.5
print(type(2))                      # 输出 2 的数据类型
print(a,type(a))                    # 输出变量 a 及其数据类型
```

运行结果：

```
<class 'int'>
3.5 <class 'float'>
```

上述代码的"a=2+1.5"会自动将数字 2（int 型）转换为 float 型数值，再进行加法运算。

（二）函数转换

除了自动的隐式类型转换，Python 中设置了数据类型转换函数，常用的有 int()、float() 及 str()。假设 a=66.6，b='88'，c='66.6'，d='18kpi'，数据类型转换函数及其应用示例如表 2-4 所示。

表 2-4　　　　　　　　　　　数据类型转换函数及其应用示例

函数	说明	示例
int(x)	将 x 转换为整数	int(a):66 int(b):88
float(x)	将 x 转换为浮点数	float(b):88.0 float(c):66.6
str(x)	将 x 转换为字符串	str(a):66.6（字符串型）

int() 函数可以将浮点数或符合格式的字符串（如二进制、十进制）转换为整数；float 函数可以将整数或数字格式字符串转换为浮点数。非数字字符串直接转换会报错。

🖎 牛刀小试

判断正误。

① 执行语句 print(int('3.14'))，系统将返回整数 3。（　　　）

② 执行语句 print(int(3.64))，系统将返回整数 4。（　　　）

③ 执行语句 print(float('3.14'))，系统将返回浮点数 3.14。（　　　）

解答：①错误，系统报错；②错误，系统将返回整数；③正确。

📖 扩展阅读

序列

序列是一种数据存储方式，是用来存放多个值（元素）的连续空间，每个值（元素）在连续空间中都有相应的索引或位置。Python 中字符串、列表、元组是序列，而字典和集合不属于序列。

序列按照元素是否有序，可分为有序序列和无序序列两类，字符串、列表、元组是有序序列，支持索引（包括双向索引）和切片操作；字典（Python 3.7 及以后版本中字典是有序的，但通常不视为序列）和集合是无序序列，不支持索引和切片操作。

序列按照元素是否可变，可分为可变序列和不可变序列两类。字符串、元组为不可变序列，不能对数据内容进行增减、修改；列表是可变序列，可直接对其构成元素进行赋值修改、删除或增加等操作。字典和集合虽然是可变的（可以增删改元素），但它们不属于序列。

任务三　理解运算符与表达式

一、运算符概述

（一）Python 常见运算符

不同的数据类型要遵循不同的运算规则和处理方式。运算符即运算符号，用于对一个或多个对象进行运算操作。Python 中常见的运算符有算术运算符、比较运算符、赋值运算符、逻辑运算符、成员运算符以及身份运算符等。

1. 算术运算符

算术运算符包括加法运算符（+）、减法运算符（–）、乘法运算符（*）、除法运算符（/）、幂运算符（**）、整除运算符（//）以及求余运算符（%）。

假设变量 a=2，b=3，c="good"，d="job"，算术运算符的用法和示例如表 2-5 所示。

表 2-5　算术运算符的用法和示例

运算符	用法描述	示例
+	表示算术加法，还可表示字符串、列表、元组的连接，但不支持不同数据类型的对象之间相加或连接	a+b 的输出为 5，c+d 的输出为 goodjob
–	取一个数值的相反数或两个数值的算数减法（字符串不适用）	-a 的输出为-2，a-b 的输出为-1，运行 c-d 则系统报错
*	表示算术乘法，也可用于字符串、列表、元组等类型数据的乘法，表示元素的重复（字典和集合不适用）	a*b 的输出为 6，c*a 的输出为 goodgood，d*3 的输出为 jobjobjob
/	返回两数相除的准确结果	b/a 的输出为 1.5
%	取模，返回两数相除的余数	b%a 的输出为 1
//	取整，返回两数相除的整数商（向下取整）	b//a 的输出为 1
**	求幂：一个底数的若干次幂的结果（字符串不适用）	a**b 表示 2 的 3 次幂，输出为 8

> ⏰ 说明
>
> //表示整除，如 10//3，代表 10 除以 3，并向下取整，即 3；若-10//3，则为-4。

2. 比较运算符

比较运算符用来比较两个数据类型相同对象的大小关系，可用于数值、字符串以及列表、元组（逐个比较元素，要求元素是相同数据类型的）等的比较。

假设变量 a=2，b=3，c="good"，d="job"，比较运算符的用法和示例如表 2-6 所示。

表 2-6　比较运算符的用法和示例

运算符	用法描述	示例
==	等于	a==b 返回 False；c==d 返回 False
!=	不等于	a!=b 返回 True；c!=d 返回 True
>	大于	a > b 返回 False；c > d 返回 False
<	小于	a < b 返回 True；c < d 返回 True
>=	大于等于	a >=b 返回 False；c >=d 返回 False
<=	小于等于	a <=b 返回 True；c <=d 返回 True

3. 赋值运算符

赋值运算符的作用是将一个表达式或对象赋给一个左值。左值是指位于赋值运算符左边的表达式或变量，它通常是可修改的。Python 赋值运算符的用法及示例如表 2-7 所示。

表 2-7　　　　　　　　　　赋值运算符的用法及示例

运算符	用法描述	示例
=	简单赋值运算符	k=a+b 表示将 a+b 的运算结果赋值给变量 k
+=	加法赋值运算符	k+=a 相当于 k=k+a
-=	减法赋值运算符	k-=a 相当于 k=k-a
*=	乘法赋值运算符	k*=a 相当于 k=k*a
/=	除法赋值运算符	k/=a 相当于 k=k/a
%=	取模赋值运算符	k%=a 相当于 k=k%a
**=	幂赋值运算符	K**=a 相当于 k=k**a
//=	取整除赋值运算符	k//=a 相当于 k=k//a

牛刀小试

确定下列语句的执行结果。

```
a,b=12,3;a+=b;c=a2//(a-7);d=a2%(b+1)
print(c,d)
```

解答：28 1。

4. 逻辑运算符

逻辑运算符用来进行逻辑判断，主要包括逻辑"与"运算符（and）、逻辑"或"运算符（or）、逻辑"非"运算符（not）。逻辑运算符的用法及示例如表 2-8 所示。

表 2-8　　　　　　　　　　逻辑运算符的用法及示例（一）

运算符	逻辑表达式	用法描述	示例
and	a and b	逻辑"与"：a、b 均为真，则返回真；a、b 只要有一个为假，则返回假	True and True 返回 True True and False 返回 False False and True 返回 False False and False 返回 False
or	a or b	逻辑"或"：a、b 只要有一个为真，则返回真，否则返回假	True or True 返回 True True or False 返回 True False or True 返回 True False or False 返回 False
not	not a	逻辑"非"：a 为真则返回假，a 为假则返回真	not True 返回 False not False 返回 True

需要说明的是，not 操作返回的一定是布尔型，而 and 和 or 操作的运算结果不一定是布尔型。在 Python 中，数值、字符串、列表等都能参与逻辑运算，and 和 or 运算结果的具体类型是由返回的 a 或 b 决定的，其中 0、空字符串、空列表被当作 False，而非空值被当作 True。

当 a、b 数据类型为整型和浮点型时，数字 0 代表 False，其他数字代表 True，其用法及示例如表 2-9 所示。

表 2-9   逻辑运算符的用法及示例（二）

运算符	逻辑表达式	用法描述	示例
and	a and b	a 为 0，返回 0；a 非 0，返回 b	0 and 1 返回 0 1 and 0 返回 0 1 and 2 返回 2 0 and 0 返回 0
or	a or b	a 非 0，返回 a；a 为 0，返回 b	1 or 0 返回 1 3 or 2 返回 3 0 or 2 返回 2 0 or 0 返回 0
not	not a	a 为 0，返回 True；a 非 0，返回 False	not 0 返回 True not 1 返回 False

牛刀小试

确定下列语句的执行结果。

```
print(5 and -1 or -2);print(5 or -1 and -2);print((5 or -1) and -2);print((not 1 or 2) and 3)
```

解答：换行输出-1，5，-2，3。

5. 成员运算符与身份运算符

成员运算符用于测试给定值是否在序列（列表、元组、字符串等）中，返回 True 或 False。成员运算符有 in 和 not in 两种。

身份运算符用于判断 Python 中两个对象的内存地址是否相同，返回 True 或 False。身份运算符有 is 和 is not 两种。

Python 的成员运算符及身份运算符的用法及示例分别如表 2-10、表 2-11 所示。

表 2-10   成员运算符的用法及示例

运算符	用法描述	示例
in	包含，即在指定的序列中找到值，返回 True，否则返回 False	若 a="资产负债表"，b="资产"，则(b in a)返回 True
not in	不包含，即在指定的序列中没有找到值，返回 True，否则返回 False	若 a="资产负债表"，b="资产"，则(b not in a)返回 False

表 2-11   身份运算符的用法及示例

运算符	用法描述	示例
is	是，即测试两个对象的内存地址是否相同，相同返回 True，否则返回 False	若 a=b=10，则(a is b)语句返回 True
is not	不是，即测试两个对象的内存地址是否不同，不同返回 True，否则返回 False	若 a=b=10，则(b is not a)语句返回 False

（二）表达式

表达式是可以计算的代码片段，主要由操作数和运算符构成。操作数、运算符和圆括号按一定的规则组成表达式。系统根据表达式进行运算，产生运算结果并返回。

在 Python 中，表达式应遵循下列书写规则。

（1）表达式从左到右在同一个基准上书写，如数学公式 a^2+b^2 应该写为 a**2+b**2；

（2）乘号不能省略；

（3）括号必须成对出现，而且只能使用圆括号；

（4）圆括号可以嵌套使用。

表达式既可以非常简单，也可以非常复杂。当表达式包含多个运算符时，系统根据运算符的优先级来确定计算顺序。

二、运算符优先级

Python 的运算符具有优先级和结合性，多个表达式可以通过运算符连接起来。在进行运算时，Python 会根据优先级依次计算。优先级相同时，则按从左至右的顺序依次（幂运算从右至左）进行运算。

括号可以改变优先级，Python 会优先计算最里层圆括号里面的内容，然后逐次往外计算。虽然运算符有明确的优先级，但对于复杂表达式，建议在适当的位置添加括号，增强程序的可读性。

Python 中运算符的优先级如表 2-12 所示。

表 2-12　　　　　　运算符优先级

优先级顺序	运算符	描述
1	**	幂运算
2	*、/、//、%	乘、除、取整除、取模
3	+、-	加法、减法
4	>、<、>=、<=	比较运算符
5	==、!=	比较运算符
6	=、%=、/=、//=、+=、-=、*=、**=	赋值运算符
7	is、is not	身份运算符
8	in、not in	成员运算符
9	not、and、or	逻辑运算符

任务四　人机交互

人机交互指用户与计算机之间的信息交流和互动。数据的输入与输出操作是最基本的人机交互行为。输入是指用户通过键盘等向程序输入数据，输出指计算机在屏幕上显示程序运行结果。Python 中运用 input() 函数进行数据输入，运用 print() 函数进行数据输出。

一、print()函数

（一）print()函数语法结构

print() 函数是 Python 的基本输出函数，用来将程序运行结果输出到 IDLE 或者标准控制台上。其语法结构如下。

```
print(value,...,sep='',end='\n',file=None)
```

其中，value 是用户要输出的信息，可以是数值、字符串、列表、元组、字典以及集合等，也可以是含有运算符的表达式。

省略号表示可以有多个要输出的信息；sep 用于设置多个要输出的信息之间的分隔符，可以设置为任意字符串，默认为一个空格；end 是 print()函数中所有要输出的信息之后添加的符号，可任意设置，默认为换行符。

此外，print()函数还可以实现向文件输出数据，这时使用参数 file 指定该文件名。sep、end、file 参数默认省略。

【示例 2-11】设置输出内容以"～"间隔，以"--->"结束。

```
print('库存现金',20000,sep='~',end='--->')
print('银行存款',30000)
```

运行结果：

```
库存现金~20000--->银行存款 30000
```

（二）print()函数格式化输出

print()函数还可以通过字符串格式化输出。字符串格式化是规范字符串中插入对象的格式的操作，一般在创建字符串时使用占位符，然后对占位符进行赋值。Python 中进行字符串格式化主要有 3 种方法。

1. 使用%占位

常用的字符串格式化符号如表 2-13 所示。

表 2-13　　　　　　　　　　　常用的字符串格式化符号

符号	描述说明
%s	字符串占位符，表示任意字符串
%d	整数占位符，表示任意整数（自动去零留整）
%f	浮点数占位符，默认保留 6 位小数，也可指定小数点后的精度：%.nf（正整数 n 表示保留的小数位数）
%e	以科学记数法表示的浮点数
%E	以科学记数法表示的浮点数且指数部分使用大写字母 E
%%	输出一个单一的%符号

【示例 2-12】单变量格式化输出。

```
amount=8000.56
print('营业收入金额是%d 万元'%amount)
```

运行结果：

```
营业收入金额是 8000 万元
```

示例规范了字符串"营业收入金额是 amount 万元"中 amount 变量的输出方式，%d 自动去零留整。

【示例 2-13】多变量格式化输出。

```
year=2024
amt1=1688.567
amt2=21.1082
item1='净利润'
item2='营业净利率'
print('%d 年企业的%s 是%f 万元, %s 是%.2f%%。'%(year, item1,amt1, item2,amt2))
```

运行结果：

```
2024 年企业的净利润是 1688.567000 万元, 营业净利率是 21.11%。
```

2. 使用{}占位

除了使用%占位符进行格式化外，Python 3 还支持用 format()函数格式化字符串。format 使用占位符{}来插入变量和表达式，并通过传递参数来填充占位符。其语法结构如下。

```
str.format(args)
```

str 用于指定字符串的显示样式，其中的变量和表达式以{}占位，args 用于指定要转换的参数。如果有多项，需用逗号进行分隔。

format 是一个常用的字符串格式化函数，特别适用于动态生成字符串的场景。与%占位符不同的是，format 使用{}占位符，可以通过位置索引（从 0 开始编号）或参数名来指定参数的顺序。还可以使用冒号来指定格式化选项。如在索引值或参数名称后面加上":.nf"来设定输出浮点数的小数位（保留 n 位小数，四舍五入）。

【示例 2-14】通过位置索引值来匹配参数。

```
print('{}金额是{}万元'.format('营业收入',8000.56))
print('{}金额是{:.0f}万元'.format('营业收入',8000.56))
print('{1}金额是{0:.1f}万元'.format(8000.56,'营业收入'))
```

运行结果：

```
营业收入金额是 8000.56 万元
营业收入金额是 8001 万元
营业收入金额是 8000.6 万元
```

【示例 2-15】通过名称来匹配参数。

```
print('{co_name}公司每年的纳税额为{val:,}万元。'.format(val=6000,co_name='铖联'))
```

运行结果：

```
铖联公司每年的纳税额为 6,000 万元。
```

上述代码中{val:,}用来指定引用的 val 变量以千位分隔符的方式显示。

举一反三

将示例 2-13 以 format 函数格式化输出。

```
year=2024
amt1=1688.567
amt2=21.1082
item1='净利润'
item2='营业净利率'
print('{0}年{3}是{1}万元,{4}是{2:.2f}%'.format(year,amt1,amt2,item1,item2))
```

运行结果：

```
2024 年净利润是 1688.567 万元,营业净利率是 21.11%
```

扩展阅读

format()函数的格式设定

format()函数包含丰富的格式限定符，通过在{}中附带冒号进行设定。

冒号后面可以附带填充的字符，默认为空格。^、<、>分别表示居中、左对齐、右对齐，后面附带宽度限定值。例如，print('{:>6}'.format('1'))表示总宽度为 6，右对齐，默认空格填充；print('{:0<6}'.format('1'))表示总宽度为 6，左对齐，使用 0 填充。

冒号后面加 b、o、d 分别表示以二进制、八进制、十进制显示数据，十进制 d 默认可省略。冒号后加逗号能够输出数值的千位分隔符。

3. f-string

Python3.6 引入了一种新的字符串格式化方法：f-string。该方法通过在字符串前添加字母"f"来标识，在字符串中使用{}直接引入变量和表达式，其相较于前两种格式化输出方法更简洁高效。另外，使用 f-string 还可在{}中变量名或表达式后通过冒号设置格式化选项。

【示例 2-16】f-string 格式化方法应用。

```
price = 19.99
quantity = 3
print(f'总成本是{price * quantity:.2f}元。')
```

运行结果：

```
总成本是59.97元
```

举一反三

将示例 2-13 以 f-string 方法格式化输出。

```
year=2024
amt1=1688.567
amt2=21.1082
item1='净利润'
item2='营业净利率'
print(f'{year}年{item1}是{amt1}，{item2}是{amt2:.2f}%。')
```

运行结果：

```
2024 年净利润是1688.567，营业净利率是21.11%。
```

二、input()函数

（一）input()函数语法结构

input()函数是 Python 的一个内置函数，用来接收用户的键盘输入。在使用 input()函数时，其中可以包含一些提示性文字，用来提示用户。该函数的语法格式如下。

```
input([prompt])
```

其中，prompt 是可选参数，用来显示用户输入的提示信息字符串。input()函数的工作原理是，第一，系统输出提示字符串，等待用户输入；第二，用户按提示输入内容后，以回车键结束；最后，input()函数接收用户输入后，一般存储到变量，方便后续使用，input()函数会把接收到的任意用户输入数据都当作字符串处理。

【示例 2-17】input()函数应用。

```
name=input('请输入您的姓名：')        # 用户按提示输入：董奕凝
salary=input('请输入您的月工资：')      # 用户按提示输入：15000
print(f'{name}的月工资是{salary}元')    # 格式化输出
```

运行结果：

```
请输入您的姓名：董奕凝
请输入您的月工资：15000
董奕凝的月工资是15000 元
```

运行程序会弹出字符串"请输入您的姓名："，等待用户输入，用户输入相应的内容并按回车键，输入内容将保存到 name 变量中；同理，Python 将用户输入的月工资数据存入 salary 变量中，再格式化输出。

（二）eval()函数

input()函数将用户输入的所有数据都以字符串的形式保存，不方便后续计算。因此，如果想要接收数值，需要使用 int()函数、float()函数把接收到的字符串进行数据类型转换。此外，eval()函数可以去掉输入内容外侧的单引号或双引号，常与 input()函数搭配使用。

eval(x)函数的参数 x 一般为字符串类型数据。当 x 是数学表达式形式的字符串时，系统返回运算结果；当 x 为非计算式形式的字符串时，系统将返回去掉外侧的单引号或双引号后的内容。

【示例 2-18】eval()函数应用。

```
acc_r=int(input('请输入应收账款的期末余额： '))        # 用户输入 10000
ratio=float(input('请输入坏账准备计提比率： '))         # 用户输入 0.05
b_debt=eval(input('请输入坏账准备的计算公式： '))        # 用户输入 acc_r*ratio
print(b_debt)                                    # 系统返回 500.0
```

运行结果：

```
请输入应收账款的期末余额： 10000
请输入坏账准备计提比率： 0.05
请输入坏账准备的计算公式： acc_r*ratio
500.0
```

✎ **职场新动态**

数字化时代"人人皆财务"

在数字化时代下，企业各项经营活动都能被员工转化成数据，而财务部门作为数据的加工方，成为实现数据采集整理、分析观察、预测决策的企业数字化闭环的关键节点。当企业边界被数字技术打破时，财务的边界也应该被打破，财务不仅需要走出财务部门的职能边界，与业务紧密相连，更要走出企业的边界，与产业上下游建立深度连接。

在数字经济时代，我们要建立一个共商、共建、共享财务管理的新世界，然后在这个新世界中使"人人皆财务"成为可能。

"人人皆财务"的底层逻辑是让企业中的每个个体都具备财务思维与经营意识。

业财融合的关键是"业"，在财务人员理解业务之前更重要的是业务人员要懂财务。举个例子，当你问一家企业的总经理，"这个产品今年挣了多少钱"或者"你知道众多产品中的哪个最挣钱"，如果总经理说不知道，那说明这家企业的产品成本核算体系存在问题。

有些业务部门的经理，当你问他"这个项目挣了多少钱"或者"这笔订单做完之后有多少利润"，有些人说知道，但是他所谓的"知道"和财务的是不同的。业务人员会停在业务的层面去定义"挣钱"的概念，而财务则会站在全盘去拆解各项经营指标，思考总体的盈利。所以，实际中经常会遇到，当预算执行情况出来之后，财务和业务之间会有很多的矛盾，这就是因为大家依据的数据不一致。

无论你是销售财务还是核算会计，做好业财融合都是非常重要的，在自己了解业务的同时，带动业务去了解财务，让业财融合不再是纸上谈兵。

在企业中最常见的"人人皆财务"场景通常发生在员工日常报销差旅费、业务招待费时，他们直接将费用明细输入信息化系统中，不用财务手工添加审核，费用报销完全可以通过线上渠道完成。

综合应用案例 1　员工信息管理

【任务背景】

员工信息管理是人力资源管理的重要组成部分，涉及从员工入职到离职的整个周期，包括人事档案、薪酬福利、培训发展、绩效管理、假勤管理、员工关系、法律法规遵守、报表与分析等多个方面。通过有效的员工信息管理，可以提高人力资源管理的效率和质量，促进企业的发展和员工的成长。

Python 在员工信息管理方面提供了多种功能，从数据的收集、存储、处理到展示，再到自动化任务和安全管理，能高效地满足企业的各种需求。通过使用各种库和框架，构建一个功能强大、灵活高效的员工信息管理系统，提升企业的管理水平和员工的工作效率。

【任务要求】

康乐公司员工信息如表 2-14 所示。请按要求完成下列操作。

表 2-14　　　　　　　　　　康乐公司员工信息

编号	姓名	部门	职务	身份证号	性别	手机号码	电子邮箱	应发工资
KL001	张馨然	财务部	财务经理	21120119850415352X	女	18693732369	2315619@qq.com	20000
KL002	周深深	人事部	人事经理	210021197405122861	女	13997088052	43713474@qq.com	15000
KL003	陈佳乐	财务部	出纳	210022199510053549	女	13605302074	31004575@qq.com	8000
KL004	李瑞	财务部	会计	210021198708123914	男	13575262290	98493429@qq.com	12000
KL005	张巍	营销部	营销经理	210021197704132837	男	13865423006	48602177@qq.com	23000
KL006	王琳	营销部	营销人员	210022198912146312	男	13801103962	76350069@qq.com	18000
KL007	杨静怡	人事部	职员	210021198205014865	女	13972305110	96951534@qq.com	9500

（1）请按格式"（姓名）是（部门）经理，性别"（性别）"，联系方式为（手机号码），本月应发工资为（应发工资，保留整数）。"用 3 种方法分别输出 3 位经理的信息。

提示：采用格式化输出。

（2）利用人机交互方式输入并输出张馨然的姓名与身份证号码。

提示：采用 input() 函数、sep 参数。

（3）从张馨然身份证号码中提取出生日期，并输出：张馨然的出生日期是 1985 年 04 月 15 日。

提示：采用字符串切片。

（4）从周深深的电子邮箱中把 QQ 账号分离出来。

提示：采用 split() 函数。

（5）利用人机交互方式输入王琳的名字和应发工资，通过 format 格式化字符串的方式输出"你好（姓名），你的工资（应发工资，保留 1 位小数）元"；同理输入王琳的名字和应发工资，通过 f-string 的方式输出"你好（姓名），你的工资（应发工资，保留整数，加千位分隔符）元"。

提示：采用格式化输出。

【实施要点】

（1）% 占位符用于财务经理；{} 占位符用于人事经理；"f-string"用于营销经理，相关代码如下。

视频讲解

员工信息管理

```
name1,name2,name3='张馨然','周深深','张巍'
dep1,dep2,dep3='财务部','人事部','营销部'
sex1,sex2,sex3='女','女','男'
tel1,tel2,tel3='18693732369','13997088052','13865423006'
salary1,salary2,salary3=20000,15000,23000
print('%s 是%s 经理，性别"%s"，联系方式为%s，本月应发工资为%d 元。'%(name1,dep1,sex1,tel1,
salary1))
print('{}是{}经理，性别"{}"，联系方式为{}，本月应发工资为{}元。'.format(name2,dep2,sex2,
tel2,salary2))
print(f'{name3}是{dep3}经理，性别"{sex3}"，联系方式为{tel3}，本月应发工资为{salary3}元。')
```

（2）相关代码如下。

```
name = input('请输入员工姓名：')  # 使用 input()函数获取用户输入的员工姓名：张馨然
id_num = input('请输入身份证号码：') # 使用 input()函数获取用户输入的身份证号码：21120119850415352X
print('员工姓名：' + name, '身份证号码：' + id_num, sep='\n')
                            # 设置 sep 参数，即设置内容分隔符号
```

（3）相关代码如下。

```
birthday = id_num[6:14]   # 使用切片法，获取身份证的第 7~14 位，即为出生年月日信息
print(birthday)
year = birthday[:4]       # 获取出生年月日的前四位信息，即出生的年份
month = birthday[4:6]     # 获取出生年月日的第 5~6 位信息，即出生的月份
day = birthday[6:8]       # 获取出生年月日的第 7~8 位信息，即出生的那天
print('张馨然的出生日期是：',year,'年', month,'月', day,'日')
```

（4）相关代码如下。

```
email_1= '43713474@qq.com'
# 使用 split()函数以@作为分隔符号，分隔 email_1 字符串内容，返回列表['43713474', 'qq.com']
email_2= email_1.split('@')
print('周深深的 QQ 账号是：', email_2[0])       # 输出 QQ 账号
```

（5）相关代码如下。

```
name=input('请输入你的名字：')                        # 输入王琳的名字
salary=float(input('请输入你的工资：'))               # 输入王琳的应发工资
print('你好{}，你的工资{:.1f}元'.format(name,salary))
print(f'你好{name}，你的工资{salary:,}元')
```

⏰ 说明

　　采用 split()函数分隔字符串的结果会形成一个列表，用[]表示。列表是有序数据容器，可以像字符串一样对其执行索引与切片操作。email_2[0]即取出列表['43713474','qq.com']中的第一个元素。

【运行结果】

（1）运行结果如下。

```
张馨然是财务部经理，性别"女"，联系方式为 18693732369，本月应发工资为 20000 元。
周深深是人事部经理，性别"女"，联系方式为 13997088052，本月应发工资为 15000 元。
张巍是营销部经理，性别"男"，联系方式为 13865423006，本月应发工资为 23000 元。
```

（2）运行结果如下。

```
请输入员工姓名：张馨然
```

```
请输入身份证号码：21120119850415352X
员工姓名：张馨然
身份证号码：21120119850415352X
```

（3）运行结果如下。

```
19850415
张馨然的出生日期是：1985 年 04 月 15 日
```

（4）运行结果如下。

```
周深深的 QQ 账号是：43713474
```

（5）运行结果如下。

```
请输入你的名字：王琳
请输入你的工资：18000
你好王琳，你的工资 18000.0 元
你好王琳，你的工资 18,000.0 元
```

综合应用案例 2　产品成本计算

【任务背景】

产品成本计算在企业管理中具有重要的意义，准确的成本是企业制定产品价格、优化产品结构的依据，能帮助企业有效控制预算、合理评估绩效，并进行高效的风险管控，直接影响企业的盈利能力和竞争力。

Python 作为一种强大的编程语言，在数据处理和分析方面具有显著优势，被广泛应用于产品成本管理工作中。可以帮助企业准确计算产品成本、优化成本结构、制定合理的定价策略，并生成详细的成本报告。通过这些功能，企业能更好地控制成本，提高盈利能力，增强自身可持续发展能力。

【任务要求】

康乐公司生产一种高端电子产品，需要精确计算产品的研发、生产和包装成本。这种产品包括多个组件，每个组件都有不同的直接材料成本、直接人工成本以及可能涉及的特殊制造费用（如精密加工费、测试费等）。此外，还需要考虑生产准备费用（如模具费用分摊）、间接制造费用（如工厂维护、照明等）以及可能的研发摊销费用。

具体生产数据如下。

● 直接材料成本：主板（100 元/个）、显示屏（200 元/个）、电池（50 元/个）和外壳（80元/个），每个产品需要这些组件各一个。

● 直接人工成本：每个产品需要两名工人组装，每名工人每小时工资为 50 元，平均组装时间为 1 小时。

● 特殊制造费用：每个产品需要进行精密加工和测试，总费用为 100 元/个。

● 生产准备费用：为新产品开发一套专用模具，总费用为 50 000 元，预计生产 10 000个产品后报废；计算得每个产品的模具分摊费用为 5 元。

● 间接制造费用：按产品销售额的 5% 计算，为简化计算，假设为固定值，即每个产品10 元的间接费用。

● 研发摊销费用：新产品研发投入了 100 000 元，预计销售周期为 5 年，每年生产 2 000

个产品。因此，计算得每个产品的研发摊销费用为 10 元。

　　要求根据上述生产数据定义直接材料成本、直接人工成本、特殊制造费用、间接制造费用等各项费用，计算产品的单位成本，同时按照不同产量标准计算产品总成本。

视频讲解

产品成本计算

【实施要点】

　　相关代码如下。

```python
# 注释：定义直接材料成本
m_cost_mb = 100                                 # 主板成本
m_cost_dp = 200                                 # 显示屏成本
m_cost_bt = 50                                  # 电池成本
m_cost_cs = 80                                  # 外壳成本
# 注释：计算并输出总直接材料成本
total_m_cost = m_cost_mb + m_cost_dp + m_cost_bt+ m_cost_cs
print(total_m_cost)

# 注释：定义直接人工成本
l_cost_per_h = 50                               # 工人每小时工资
l_hours_per_p = 1                               # 每个产品组装时间（小时）
workers_per_p = 2                               # 每个产品需要的工人数量
# 注释：计算并输出总直接人工成本
total_l_cost = l_cost_per_h*l_hours_per_p* workers_per_p
print(total_l_cost)

# 注释：定义特殊制造费用
s_mf_cost = 100                                 # 每个产品的特殊制造费用
# 注释：定义生产准备费用（分摊）
tool_cost = 50000                               # 模具总费用
ex_p_volume = 10000                             # 预计生产总量
tool_cost_per_p= tool_cost / ex_p_volume        # 每个产品的模具分摊费用
print(tool_cost_per_p)

# 注释：定义间接制造费用和研发摊销费用
in_mf_cost = 10                                 # 每个产品的间接制造费用
r_and_d_am_cost = 10                            # 每个产品的研发摊销费用
# 注释：计算总成本
total_cost=total_m_cost+total_l_cost+s_mf_cost+tool_cost_per_p+in_mf_cost+
r_and_d_am_cost
# 注释：格式化输出
print('单个产品的总成本为：{:.2f}元'.format(total_cost))

# 假设用户需要计算不同数量的产品成本
quantity = int(input('请输入需要生产的产品数量：'))
# 使用用户输入的产品数量计算
total_cost_for_quantity = total_cost * quantity
print('生产{}个产品的总成本为：{:.2f}元'.format(quantity, total_cost_for_quantity))
```

【运行结果】

```
430
100
5.0
单个产品的总成本为：655.00 元
请输入需要生产的产品数量：100
生产 100 个产品的总成本为：65500.00 元
```

践悟行知

书写 Python 代码的原则是明晰胜于晦涩，简单胜过复杂。编写时，要注重代码的质量和可维护性，遵循最佳实践原则和规范，养成数字工匠严谨规范的职业习惯，得到简洁、清晰、易懂、易维护的代码。

精进不辍

一、判断题

1. Python 中可以使用保留字作为变量名。   （   ）
2. 变量名可以以数字开头。   （   ）
3. Python 标识符不区分大小写。   （   ）
4. find()方法返回-1 说明子串在指定的字符串中。   （   ）
5. strip()方法默认会删除字符串头、尾的空格。   （   ）
6. Python 中，代码块的缩进必须使用 Tab 键，不能使用空格。   （   ）
7. if 是 Python 中的保留字，不能用作变量名。   （   ）
8. 3variable 是合法的 Python 变量名。   （   ）
9. 在 Python 中，整数和浮点数可以直接进行算术运算，无须转换。   （   ）
10. 字符串切片时，索引值可以是负数，表示从字符串末尾开始计数。   （   ）
11. "Hello\nWorld" 字符串中包含两个换行符。   （   ）
12. Python 中的 type()函数用于将数据类型转换为其他数据类型。   （   ）
13. 运算符的优先级顺序是固定的，不可以改变。   （   ）
14. print()函数不能用于输出多个变量，每次只能输出一个。   （   ）
15. input()函数接收的输入总是字符串类型，即使输入的是数字。   （   ）

二、选择题

1. Python 中使用（   ）符号表示单行注释。
   A. #   B. /   C. //   D. <!-- -->
2. 下列选项中，不属于 Python 保留字的是（   ）。
   A. name   B. if   C. is   D. and
3. 下列（   ）是 "5 or 6" 的运算结果。
   A. 0   B. 1   C. 5   D. 6
4. Python 中使用（   ）可组成转义字符。
   A. /   B. \   C. $ D. %

5. Python 赋值，当 a=10 时，运行 a+=10 后，a 的结果是（　　　）。

    A. 11   B. 20   C. 22   D. 12

6. Python 中用于代码块缩进的正确单位是（　　　）。

    A. Tab 键   B. 空格（任意数量）

    C. 两者都可以   D. 两者都不可以

7. 下列（　　　）不是 Python 的保留字。

    A. class   B. for   C. lambda   D. variable

8. 在 Python 中，3.14 的数据类型是（　　　）。

    A. int   B. float   C. str   D. Boolean

9. 字符串'Hello, world!'[1:5]的结果是（　　　）。

    A. ello   B. Hell   C. ello,   D. ello, world!

10. 字符串中的转义字符\n 表示（　　　）。

    A. 换行符   B. 制表符   C. 回车符   D. 反斜杠

11. 将字符串"123"转换为整数，应使用的函数是（　　　）。

    A. str()   B. int()   C. float()   D. eval()

12. 运算符//在 Python 中表示的运算是（　　　）。

    A. 幂运算   B. 取模   C. 整除   D. 乘法

13. 下列（　　　）是逻辑运算符。

    A. +   B. ==   C. and   D. =

14. print(f"Hello, {name}!")中的 f 前缀表示（　　　）。

    A. 格式化字符串   B. 文件对象   C. 浮点数   D. 函数定义

15. 在 Python 中，转义字符\t 表示（　　　）。

    A. 换行符   B. 制表符（Tab）   C. 回车符   D. 反斜杠

三、操作题

1. 编写一个程序，帮助出纳小张计算库存现金总额。程序要"询问"以下问题"有多少张 100 元？""有多少张 50 元？""有多少张 20 元？""有多少张 10 元？"，并能够输出总金额，结果只保留整数。

2. 一家制造高科技医疗设备的公司，正在为下一季度生产的一款新型医疗扫描仪制定成本预算。这款扫描仪的生产涉及多个阶段，包括原材料采购、精密部件组装、软件集成、质量检测以及市场推广准备。由于供应链的不确定性和技术复杂性，需要进行详细的成本分析，并考虑不同因素变化对总成本的影响。

相关数据如下。

（1）直接材料成本。核心传感器：每个 1 500 元。电路板：每个 300 元（国内采购，但受原材料价格波动影响）。其他组件（如外壳、连接线等）：合计每个 200 元。

（2）直接人工成本。组装工人：每台扫描仪需要两名高级技师和一名助手，平均组装时间为 10 小时，两名高级技师和助手的时薪分别为 80 元、60 元和 40 元。软件集成工程师：每台扫描仪的软件集成需要 2 小时，工程师时薪为 150 元。

（3）制造费用。设备折旧：每台扫描仪分摊的制造设备折旧费用为 50 元。工厂运营费用（电力、维护等）：按销售额的 2%估算，但此处为简化计算，假设固定费用为每台 100 元。

（4）质量检测费用。每台扫描仪需要进行严格的质量检测，费用为 200 元。

（5）市场推广准备费用。宣传材料、展会费用等，按销售额的 3%估算，此处简化为每台扫描仪分摊 50 元。

敏感性分析：假设原材料价格上涨 10%，分析对总成本的影响；假设生产效率提高（组装时间减少 10%），分析对总成本的影响。

请运用 Python 定义直接材料成本、直接人工成本、制造费用、质量检测费用和市场推广准备费用，计算总成本，并进行敏感性分析（原材料价格上涨 10%、组装时间缩短 10%）。

高级数据类型应用

学习目标

知识目标
◆ 掌握列表、元组、字典、集合的概念和相关特征
◆ 理解列表、元组、字典、集合的用法差异及产生原因

技能目标
◆ 能够根据程序需要正确生成列表、元组、字典和集合
◆ 能够运用函数、运算符等工具对列表、元组、字典和集合进行常见的操作

素养目标
◆ 培养数据思维，提升解决问题的能力
◆ 增强信息素养，树立终身学习的理念

内容框架

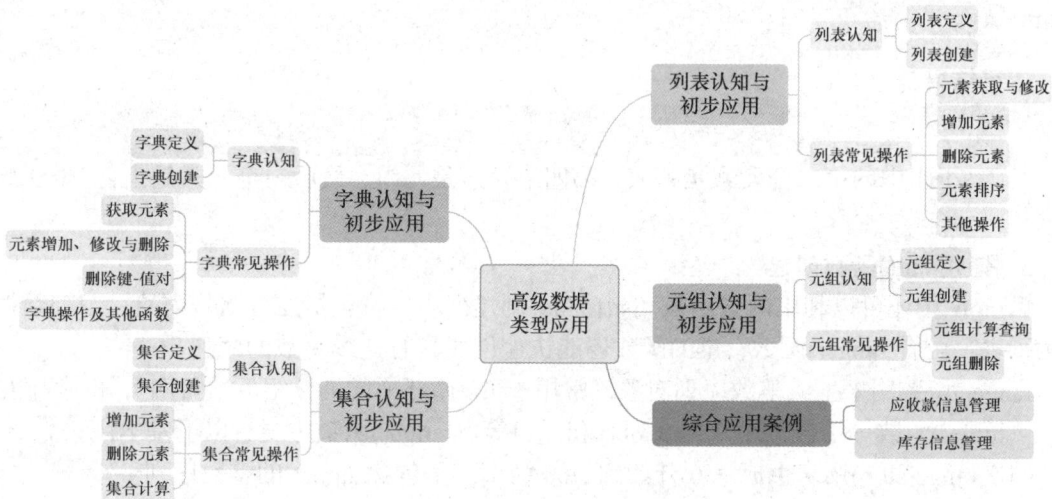

砥志研思

学习应用信息技术和 Python 编程技术是推进教育数字化的重要方式，有助于数字化工具

和技能的推广，使更多人能够理解和利用数字技术，扩充学习内容，提升学习效率，进而提高整个社会的数字素养。通过日益丰富的在线资源和日益发展的教育数字化手段，推动建设全民终身学习的学习型社会和学习型大国。

【关键词】教育数字化　终身学习　Python 编程技术

任务一　列表认知与初步应用

一、列表认知

（一）列表定义

Python 提供了一些组合数据类型，用于将多个值组合在一起，其中，最常用的组合数据类型就是列表。

列表（List）是由一系列按特定顺序排列的元素组成的有序序列，用方括号[]来表示。列表的元素之间以英文逗号间隔，元素可以是任意类型，包括整数、浮点数、字符串、列表、元组和字典等。列表是可变的数据结构，能够对其中的元素进行增加、修改、删除等操作。

（二）列表创建

1. 使用[]赋值创建

采用赋值方式，将所有元素写在一对方括号[]里并以英文逗号隔开就可以创建一个列表。若[]中不添加任何元素，代表创建的是空列表。

【示例 3-1】使用[]创建列表。

```
lst1=[2,['Dyn88',6],'Python',(21,'you'),{3.14}]    # 创建列表
lst2=[]                                             # 创建空列表
print(lst1)
print(lst2)
```

运行结果：

```
[2, ['Dyn88', 6], 'python', (21, 'you'), {3.14}]
[]
```

其中，lst1 中的第二个元素是列表，第四个元素是元组，最后一个元素是集合；lst2 为空列表。

2. 使用 list()函数创建

Python 中还可以利用内置函数 list([data])创建列表，将包括在方括号内的一系列数据定义为列表。配合 range()函数，list()函数还能快速创建具有连续整数的序列。

range()函数用来生成整数序列对象，常用于 for 循环（详细介绍见项目四），也常与 list()函数、tuple()函数等结合，用来生成列表和元组等。range()函数主要有以下基本用法。

（1）range(stop)用来生成从 0 开始到 stop 结束（不包含 stop）的整数序列。

（2）range(start,stop)用来生成从 start 开始到 stop 结束（不包含 stop）的整数序列。

（3）range(start,stop,step)用来生成从 start 开始到 stop 结束（不包含 stop），步长为 step 的整数序列。

【示例 3-2】使用 list()函数创建列表。

```
lst3=list([2,['Dyn88',6],'Python',(21,'you'),{3.14}]) # 用 list()函数创建列表
```

```
lst4=list()                   # 用 list() 函数创建一个空列表
lst5=list(range(1,6,2))       # 用 list() 函数与 range() 函数创建列表
print(lst3)
print(lst4)
print(lst5)
```

运行结果：

```
[2, ['Dyn88', 6], 'python', (21, 'you'), {3.14}]
[]
[1, 3, 5]
```

注意，list() 函数不仅可以用于创建列表，还可以将字符串、元组、集合等其他类型的数据对象转化为列表。

二、列表常见操作

（一）元素获取与修改

1. 列表元素获取

和字符串一样，list 是有序的数据容器，每个元素都有一个确定的下标，可以通过正索引或负索引来访问列表元素。

list[index] 用来访问列表中指定位置的元素。若元素本身也是一个列表，可以继续添加下标，进一步访问这个元素中的元素。

切片 list[start:end:step=1] 用来访问从 start 到 end 之间（但不包含 end）步长为 step 的元素。如果没有指定 step，则默认 step=1，即步长为 1；如果没有指定 start，则表示从第一个元素（start=0）开始；如果没有指定 end，则表示到最后一个元素。

start、end 和 step 都可以取负整数。step 不能为 0，否则会引发 ValueError 异常。如果 start 大于 end 且 step 为正整数，或者 start 小于 end 且 step 为负整数，系统会返回一个空列表。

【示例 3-3】列表索引与切片。

```
lst3=list([2,['Dyn88',6],'Python',(21,'you'),{3.14}]) # 创建一个列表
print(lst3)                        # 输出列表 lst3
print(lst3[1])                     # 获取列表中第二个元素
print(lst3[1][1])                  # 获取列表中第二个元素的第二个元素
print(lst3[0:6:2])                 # 获取列表从左到右第 1～5 个元素中索引为 0、2、4 的元素
```

运行结果：

```
[2, ['Dyn88', 6], 'python', (21, 'you'), {3.14}]
['Dyn88', 6]
6
[2, 'python', {3.14}]
```

2. 列表元素修改

利用索引获取元素或对列表进行切片后对其重新赋值，可将元素或切片修改成赋值内容，从而完成对单个元素和多个元素的修改操作。

【示例 3-4】修改元素。

```
lst3=list([2,['Dyn88',6],'Python',(21,'you'),{3.14}])
lst3[0]='我爱祖国'             # 将 lst3 中索引为 0 的元素修改为 "我爱祖国"
lst3[1][1]='love'     # 将列表 lst3 中索引为 1 的元素['Dyn88',6]中索引为 1 的元素修改为 "love"
lst3[2:4]=[1314,{88,'ABC'}]   # 将列表 lst3 的切片中的元素做相应修改
print(lst3)
```

运行结果：

```
['我爱祖国', ['Dyn88', 'love'], 1314, {88, 'ABC'}, {3.14}]
```

（二）增加元素

列表名.append(元素)，用于向指定列表的尾部追加一个指定元素，一次只能追加一个元素，元素可以是列表、元组或字典等任意数据类型。

列表名.extend(列表)，用于将另一个列表中的所有元素追加至当前列表的尾部，追加的元素不受数量和类型限制，但必须列在一对[]中。

列表名.insert(索引位置,元素)，用于向列表任意指定位置插入一个元素，一次只能插入一个元素，元素不受数据类型的限制。

上述 3 个增加元素的方法都属于原地操作，直接修改原列表的内容，不改变其在内存中的起始地址。

【示例 3-5】增加元素。

```
lst=['要坚持',666]                    # 创建列表
lst5=list(range(1,6,2))              # 创建数值列表[1,3,5]
lst5.append('Python')                # 为 lst5 增加元素 "Python"
print(lst5)
lst5.insert(3,'学习')                 # 在列表 lst5 的索引 3 位置处插入元素 "学习"
print(lst5)
lst5.extend(lst)                     # 将列表 lst 的所有元素追加到列表 lst5 后
print(lst5)
```

运行结果：

```
[1, 3, 5, 'Python']
[1, 3, 5, '学习', 'Python']
[1, 3, 5, '学习', 'Python', '要坚持', 666]
```

（三）删除元素

1. 整体删除

在 Python 中，用"del 列表名"（注意，del 与列表名之间有一个空格）可以直接将整个列表删除，此时再输出该列表，系统返回错误。

列表名.clear()，可以清空列表中的所有元素，此时再输出该列表，系统将返回一个空列表[]。

【示例 3-6】整体删除列表。

```
lst=['要坚持',666]                    # 创建列表
del lst                              # 删除列表 lst
print(lst)                           # 输出被删除的列表，系统会出错
```

运行结果：

```
---------------------------------------------------------------
NameError                        Traceback (most recent call last)
Cell In[16], line 3
    1 lst=['要坚持',666]              # 创建列表
    2 del lst                        # 删除列表 lst
----> 3 print(lst)

NameError: name 'lst' is not defined
```

【**示例 3-7**】整体清空列表元素。

```
lst6=[1,2,3,4]          # 创建列表 lst6
lst6.clear()            # 清空列表 lst6 所有元素
print(lst6)             # 输出被清空的列表,会返回空列表
```

运行结果:

```
[]
```

2. 删除具体元素

Python 提供多种删除列表元素的工具。执行"del 列表名[索引]"可以删除列表中指定位置的元素,执行"del 列表名[:]"可以删除列表中所有元素,相当于执行"列表名.clear()"。

运用"列表名.remove(元素)"可以删除指定列表的指定元素,如果列表中不存在该元素则抛出异常。

运用"列表名.pop()"可以删除列表中最后一个元素并返回该元素;如果添加索引参数,即"列表名.pop(索引)"可以先返回指定位置的元素,再将其从列表中删除。如果指定的位置不是合法的索引则抛出异常,对空列表调用 pop 方法也会抛出异常。

上述删除方法也属于原地操作,直接修改原列表的内容,不改变其在内存中的起始地址。

【**示例 3-8**】删除元素。

```
lst3=['我爱祖国',['Dyn88','love'],1314,{88, 'ABC'},{3.14}]
lst3.remove(1314)       # 删除元素 1314
print(lst3)             # 结果为['我爱祖国',['Dyn88','love'],{88,'ABC'},{3.14}]
lst3.pop()              # 删除最后一个元素{3.14}
print(lst3)             # 结果为['我爱祖国',['Dyn88','love'],{88,'ABC'}]
lst3.pop(1)             # 删除索引值为 1 的元素['Dyn88','love']
print(lst3)             # 结果为['我爱祖国',{88,'ABC'}]
del lst3[:]             # 清空所有元素,相当于 lst3.clear()
print(lst3)             # 结果为[]
```

运行结果:

```
['我爱祖国',['Dyn88 'love'], {88, 'ABC'},{3.14}]
['我爱祖国',['Dyn88 'love'], {88, 'ABC'}]
['我爱祖国', {88, 'ABC'}]
[]
```

(四)元素排序

Python 中有两种元素排序操作,一种是"列表名.reverse()"和 reversed()函数,用来反转列表元素;另一种是"列表名.sort()"和 sorted()函数,按照指定的规则对所有元素进行排序,默认规则是所有元素从小到大升序排列。

"列表名.reverse()"及"列表名.sort()"属于原地操作,直接修改原列表,原列表发生变化;而使用 reversed()函数和 sorted()函数则会生成新的列表,原列表不变。

【**示例 3-9**】元素排序。

```
lst4=[2,5,17,13,0]      # 创建列表
print(id(lst4))         # 此时 lst4 的 id 为 1827663227648,实际值因环境而异
lst4.reverse()          # 全部元素顺序反转
print(lst4)             # 反转结果为[0, 13, 17, 5, 2]
```

```
print(id(lst4))    # 反转后 lst4 的 id 仍为 1827663227648
lst4.sort()        # 默认升序排列所有元素
print(lst4)        # 排序结果为[0, 2, 5, 13, 17]
print(id(lst4))    # 升序排列后 lst4 的 id 仍为 1827663227648
```

运行结果：

```
1827663227648
[0, 13, 17, 5, 2]
1827663227648
[0, 2, 5, 13, 17]
1827663227648
```

（五）其他操作

除了索引和切片，列表还可以通过算术运算符（+和*）进行拼接和重复，运用成员运算符判断元素是否存在于某列表中。另外，Python 还提供大量对列表元素进行统计和查询的函数。

len()函数用来返回列表的长度，即列表元素的个数；max()函数返回列表元素中的最大值，min()函数返回列表元素中的最小值，sum()函数返回列表元素之和；list.count()函数用来统计列表中指定元素的个数；list.index()函数用来获取指定元素的索引等。

注意，使用 max()函数和 min()函数时要求列表中的元素数据类型必须一致，否则会出错。sum()函数要求元素都是数值型。

假定 list1=[8,'利润表','ab',[5,6]]，list2=[1,2,3]，具体操作示例见表 3-1。

表 3-1　　　　　　　　　　　列表操作及其实例与结果

操作符、函数	描述	实例与结果
+	拼接	list1+list2：[8, '利润表', 'ab', [5, 6], 1, 2, 3]
*	重复	list1*2：[8, '利润表', 'ab', [5, 6], 8, '利润表', 'ab', [5, 6]]
in	成员运算	8 in list1：True [5] in list1：False
not in	成员运算	利润表' not in list1 ：False
len(list)	获取列表中元素的个数	len(list1)：4
max(list)	获取列表中最大的元素	max(list2)：3
min(list)	获取列表中最小的元素	min(list2)：1
list.count(x)	统计列表中指定元素的个数	list2.count(3)：1
list.index(x)	获取列表中指定元素的索引	list1.index(2)：'ab'

任务二　元组认知与初步应用

一、元组认知

（一）元组定义

元组（Tuple）是由一系列按特定顺序排列的元素组成的不可变的有序序列。元组用圆括号()表示。与列表相同，元组的元素可以是任意数据类型的数据。不同之处在于元组是不可改变的，创建后不能对其元素进行增减、删除等操作。

（二）元组创建

元组创建方法与列表相似，有以下两种方法。

1. 使用()赋值创建

在括号()中添加元素并使用逗号隔开即可生成元组。整数、字符串、列表、元组、集合等任何数据类型的数据都可以作为元组的元素。若括号中不添加任何元素，代表创建的是空元组。只有一个元素的元组，需要在唯一的元素后面添加逗号，否则系统仍将元素视为单一数据，而非元组。

2. 使用 tuple()函数创建

在 Python 中，也可使用 tuple(data)函数创建元组，将可迭代对象转换为元组。此外，元组也可以通过逗号分隔元素直接定义，圆括号是可选的。配合 range()函数，tuple()函数还能快速创建具有连续整数的元组。

【示例 3-10】创建元组。

```
tup1=([1,2],5,'利润表',('AB',66),{3,4})    # 创建元组
print(tup1)                                # 结果为([1,2],5,'利润表',('AB',66),{3,4})
tup2=()                                    # 空元组
print(tup2)                                # 结果为()
tup3=(3,)                                  # 只有一个元素的元组
print(tup3)                                # 结果为(3,)
tup4=tuple()                               # 空元组
print(tup4)                                # 结果为()
tup5=tuple(range(1,8,2))                   # 创建一个 1~8（不包括 8）的奇数元组
print(tup5)                                # 结果为(1,3,5,7)
```

运行结果：

```
([1, 2], 5, '利润表', ('AB', 66), {3, 4})
()
(3,)
()
(1, 3, 5, 7)
```

元组也被称为不可变的列表。元组的主要作用是作为参数供函数调用，或者在函数返回参数时，保护其内容不被外部接口修改。通常情况下，元组用于保存程序中不可修改的内容。

注意，tuple()函数不仅可以用于创建元组，还可以将字符串、列表、集合等数据对象转化为元组。

二、元组常见操作

（一）元组计算查询

元组是有序序列，与列表相同，支持检索和切片，支持元组之间利用+、*运算符进行连接和重复，还支持成员运算。元组连接组合时，连接对象必须都是元组，不能将元组和字符串或者列表进行连接。

此外，Python 允许使用 len()、max()、min()、sum()、tuple.count()、tuple.index()等函数和方法对元组进行统计和查询操作，其语法要求与列表相似。

假设 tuple1=(8,'利润表','ab',[5,6])，tuple2=(1,2,3)，具体操作见表 3-2 所示。

表 3-2   元组操作及其实例与结果

操作符/函数	描述	实例与结果	
+	拼接	tuple1+tuple2 输出结果：(8, '利润表', 'ab', [5, 6], 1, 2, 3)	
*	重复	tuple1*2 输出结果：(8, '利润表', 'ab', [5, 6], 8, '利润表', 'ab', [5, 6])	
[]	索引	tuple1[1]	输出结果：利润表
		tuple1[3]	输出结果：[5,6]
		tuple1[3][0]	输出结果：5
[:]	切片	tuple1[1:5:2]	输出结果：['利润表', [5, 6]]
in	成员运算	8 in tuple1	输出结果：True
		[5] in tuple1	输出结果：False
not in	成员运算	'利润表' not in tuple1	输出结果：False
len(tuple)	获取元组中元素的个数	len(tuple1)	输出结果：4
max(tuple)	获取元组中最大的元素	max(tuple2)	输出结果：3
min(tuple)	获取元组中最小的元素	min(tuple2)	输出结果：1
tuple.count(x)	统计元组中指定元素的个数	tuple2.count(3)	输出结果：1
tuple.index(x)	获取元组中指定元素的索引	tuple1.index(2)	输出结果：'ab'

🖎 牛刀小试

元组切片。

```
tup1=( [1,2],5,'利润表',('AB',66),{3,4})
print(tup1[:-2])      # 从左开始截取，到索引值为-3 的元素，结果为([1,2],5,'利润表')
print(tup1[1::3])     # 从索引值 1 的元素开始到元组最右侧元素，步长为 3，结果为(5,{3,4})
print(tup1[-1::2])    # 从最右侧的元素开始，步长为 2，只能取到一个元素，结果为({3,4},)
```

运行结果：

```
([1, 2], 5, '利润表')
(5, {3, 4})
({3, 4},)
```

（二）元组删除

由于元组是不可变序列，因此不能对其元素进行增加、修改、删除等。元组内的数据如果直接修改则会立即报错，但是如果元组里面有元素是列表，修改列表里面的数据则是可以的。元组不允许删除元素，但可以使用"del 元组名"来删除整个元组。对于已经创建的元组，不再使用时，可以使用 del 语句将其删除。

del 语句在实际开发时并不常用。因为 Python 自带的垃圾回收机制会自动销毁不用的元组，所以即使不手动删除，Python 也会自动将其销毁。

【示例 3-11】元素修改与元组删除。

```
tup1=( [1,2],5,'利润表',('AB',66),{3,4})
# tup1[1]=50        # 将元组第二个元素 5 修改为 50
# print(tup1)       # 系统出错，元组不支持元素修改
tup1[0][0]=100      # 如果元组的元素为列表，支持对该元素的修改
print(tup1)         # 结果为([100,2],5,'利润表',('AB',66),{3,4})
del tup1            # 删除元组
print(tup1)         # 系统出错，找不到该元组
```

运行结果：

```
([100, 2], 5, '利润表', ('AB', 66), {3, 4})
--------------------------------------------------------------------
NameError                              Traceback (most recent call last)
Cell In[23], line 7
      5 print(tup1)                    # 结果为([100,2],5,'利润表',('AB',66),{3,4})
      6 del tup1                       # 删除元组
----> 7 print(tup1)
NameError: name 'tup1' is not defined
```

> **【点石成金】**
>
> 元组和列表都属于有序序列，其中的元素均可以是任意数据类型的数据，并且支持索引和切片操作。不同之处在于元组以圆括号标识，列表以方括号标识；元组是不可变序列，不能增加、修改、删除元素，而列表是可变序列，可以增加、修改、删除元素。
>
> 元组常被称为"常量列表"，二者可以相互转化。
>
> tuple()函数接收一个列表，可返回一个包含相同元素的元组。同理，list()函数接收一个元组会返回一个列表。从元组与列表的性质来看，上述操作中的 tuple()函数相当于冻结一个列表，而 list()函数相当于解冻一个元组。

任务三 字典认知与初步应用

一、字典认知

（一）字典定义

字典（Dictionary）是 Python 中的一种常用数据结构，也被称作关联数组或哈希表，由键（key）和值（value）成对组成，本质上是键和值的映射，键和值之间以冒号（:）隔开，每个键-值对（key-value pair）之间用逗号隔开，整个字典由花括号{}括起来。语法格式如下。

```
dict = {key1 : value1, key2 : value2 }
```

其中，dict 表示字典名；key:value 为字典中的键-值对，key 为字典中的键，value 为字典中的值。

字典中的元素没有固定顺序，可以进行修改、添加、删除等，是无序可变的数据容器。字典的键-值对中，键是不可变且唯一的，可以使用数字、字符串、元组充当，而不能使用列表和集合；值是可变的，可以是任意数据类型的数据。

（二）字典创建

字典的创建方法有很多种，与列表和元组相似，可以通过{键-值对}赋值创建，或通过函数 dict({键-值对})生成。

字典中不允许键重复出现。如果一个键被赋值多次，那么只有最后一次的值有效，前面的赋值会被自动删除。

【示例 3-12】 字典创建。

```
dict1={'1001':20000,1002:'银行存款','应收账款':10048.62}  # 创建字典
```

```
print(dict1)                        # 结果为{'1001':20000,1002:'银行存款','应收账款':10048.62}
dict2={}                            # 创建空字典
print(dict2)                        # 结果为{}
dict3=dict({'库存现金':20000,('ab','cd'):'abcd',202:[3,'18k']})          # 创建字典
print(dict3)                        # 结果为{'库存现金':20000,('ab','cd'):'abcd',202:[3,'18k']}
```

运行结果：

```
{'1001': 20000, 1002: '银行存款', '应收账款': 10048.62}
{}
{'库存现金': 20000, ('ab', 'cd'): 'abcd', 202: [3, '18k']}
```

Python 中还可以通过映射函数的方式创建字典，将列表转换成字典或利用已经存在的列表和元组创建字典等，感兴趣的读者可以查阅 Python 的高级应用说明。

二、字典常见操作

（一）获取元素

字典是无序的，不支持检索与切片操作，但可以根据键来获取对应的值。一种方法是通过 dict[键]来查看指定键所对应的元素值；另一种方法是利用 dict.get(键)函数，返回指定键对应的值。如果键不在该字典中，则返回 None。

【示例 3-13】获取键对应的值。

```
dict3=dict({'库存现金':20000,('ab','cd'):'abcd',202:[3,'18k']})
print(dict3.get('库存现金'))    # 获取键"库存现金"的值，结果为数字 20000
print(dict3[('ab','cd')])     # 获取键('ab','cd')的值，结果为字符串 abcd
```

运行结果：

```
20000
abcd
```

此外，dict.items()、dict.keys()和 dict.values()这几个函数分别用来获取字典中所有的键-值对、所有的键及所有的值，并以列表的形式返回，每个键-值对以元组形式构成列表的元素；函数中的 dict 代表字典名。

【示例 3-14】获取字典所有键-值对、所有键、所有值。

```
dict3=dict({'库存现金':20000,('ab','cd'):'abcd',202:[3,'18k']})
print(dict3.items())    # 获取所有键-值对
print(dict3.keys())     # 获取所有键
print(dict3.values())   # 获取所有键的值
```

运行结果：

```
dict_items([('库存现金', 20000), (('ab', 'cd'), 'abcd'), (202, [3, '18k'])])
dict_keys(['库存现金', ('ab', 'cd'), 202])
dict_values([20000, 'abcd', [3, '18k']])
```

（二）元素增加、修改与删除

字典属于无序且可变的数据容器，支持在字典中增加、更新或删除键-值对的操作。

1. 增加、修改键-值对

在字典中可以采用直接定义键的值的方式增加或修改键-值对，语法结构如下。

```
字典名[key]=value
```

这里的 key 键表示要增加或修改的元素的键名称，如果字典中存在指定的键，则表示修改该键的取值，否则增加一个新的键-值对；value 表示新定义的键的值。

【示例 3-15】增加、修改键-值对。

```
dict1={'库存现金':2000,'银行存款':35000}
dict1['银行存款']=66000        # 修改键"银行存款"的值为 66000
print(dict1)                  # 结果为{'库存现金': 2000, '银行存款': 66000}
dict1['应收票据']=8800         # 增加键-值对：('应收票据': 8800)
print(dict1)                  # 结果为{'库存现金': 2000, '银行存款': 66000, '应收票据': 8800}
```

运行结果：

```
{'库存现金': 2000, '银行存款': 66000}
{'库存现金': 2000, '银行存款': 66000, '应收票据': 8800}
```

值得说明的是，利用 setdefault(key[,d])函数可以获取指定键对应的值，如果键不存在，则将新的键-值对增加到字典中。其中，key 是字典的键，d 是键的默认值。如果 k 存在，就返回其值；否则返回默认值 d，并将新的元素添加到字典中。具体应用这里不再举例，感兴趣的读者可以自行尝试。

2. update()函数

dict.update(dict1)用于字典更新，将字典 dict1 中的键-值对更新到 dict 里。如果被更新的字典中已包含对应的键-值对，那么原键-值对会被覆盖，如果被更新的字典中不包含对应的键-值对，则将添加该键-值对。

【示例 3-16】update()函数。

```
dict1={'库存现金': 2000, '银行存款': 35000}
dict2={'营业成本':'50万元','净利润':'200万元'}
dict1.update(dict2)           # 将 dict2 添加到 dict1 的末尾
# 更新后的dict1为{'库存现金':2000,'银行存款':35000,'营业成本':'50万元','净利润':'200万元'}
print(dict1)
```

运行结果：

```
{'库存现金': 2000, '银行存款': 35000, '营业成本': '50万元', '净利润': '200万元'}
```

（三）删除键-值对

与列表相似，删除键-值对的工具主要有 del()、clear()、pop()等函数。

"del dict"用于删除指定字典，del 与 dict（字典名称）之间有一个空格。删除后查看该字典，系统会提示错误。如果指定该字典的某个键名，如"del dict[key]"，则只删除相应键-值对。

【示例 3-17】使用 del()函数删除键-值对。

```
dic3=dict({'库存现金':20000,202:[3,'18k']})
print(dic3)
# del dic3                    # 删除字典
# print(dic3)                 # 出错，系统找不到dic3
del dic3['库存现金']           # 删除"库存现金"键-值对
print(dic3)                   # 删除后dic3为{202:[3,'18k']}
```

运行结果：

```
{'库存现金': 20000, 202: [3, '18k']}
{202: [3, '18k']}
```

"字典名.clear()"用于清除指定字典内的所有元素（所有的键-值对）。被执行后，字典将会变成空字典{}。

"字典名.popitem()"用来删除字典中的最后一个键-值对，并返回该键-值对，该函数不接受任何参数，无法指定要删除的具体键名。如果想删除指定的键-值对，可以使用"字典名.pop(key)"，在括号中指定具体的键名，系统会返回该键对应的值，并在原字典中删除这个键-值对。

【示例 3-18】使用 pop() 函数删除键-值对。

```
dic3=dict({'库存现金':20000,202:['3','18k']})
dic4=dic3.popitem()          # 删除最后一个键-值对，并将该键-值对赋值给 dic4
print(dic3)                  # 输出删除最后一组键-值对后的 dic3，即{'库存现金': 20000}
print(dic4)                  # 输出被删除的键-值对，结果以元组的形式展示(202, [3, '18k'])
dic5=dic3.pop('库存现金')    # 删除 dic3 中库存现金键-值对，并将该键对应的值赋给 dic5
print(dic3)                  # 输出结果为空字典{}
print(dic5)                  # 输出删除键所对应的值
```

运行结果：

```
{'库存现金': 20000}
(202, [3, '18k'])
{}
20000
```

（四）字典操作及其他函数

在 Python 中，字典不支持使用+操作符进行合并或连接，也不支持使用*操作符进行重复。除了前文介绍的函数外，可以利用 len() 函数计算字典中键-值对的个数，利用 copy() 函数复制字典等。

任务四　集合认知与初步应用

一、集合认知

（一）集合定义

集合是一种无序、可变且元素唯一的数据容器，可以用来存储相同或者不同数据类型的元素，用{}表示。集合与字典相似，但存储的元素只相当于字典的键，而并非键-值对。

集合中的元素不允许重复，且必须是可哈希的（具有一个固定的哈希值，而且在生命周期内不变）。因此，集合的元素一般由数字、字符串和元组等不可变数据类型的数据充当，列表、字典、集合等可变的数据类型的数据不可以作为集合的元素。另外，如果元组中包含列表等可变数据，也不可以作为集合的元素。

（二）集合创建

在 Python 中可以使用{}定义集合，也可以使用 set() 函数将接收到的序列元素去重后创建一个集合。集合是无序的，每次输出集合，其元素的顺序可能都不相同。创建包含相同元素的集合，系统会自动过滤重复元素。

空集合使用 set()函数直接创建，不输入任何参数。

【示例 3-19】集合创建。

```
s1={'a',(1,'ss'),'库存现金',2000}          # 创建集合
print(s1)                                  # 输出时元素顺序不固定
s2={1}                                     # 创建只有一个元素的集合
print(s2)
s3=set({'管理费用',2000,'财务费用',3000})    # set()函数创建集合
print(s3)
s4=set()                                   # 创建空集合
print(s4)
```

运行结果：

```
{2000, 'a', '库存现金', (1, 'ss')}
{1}
{2000, '财务费用', 3000, '管理费用'}
set()
```

牛刀小试

判断正误。

① 列表[1,2,3]不可以作为集合的元素。（   ）

② 元组(1,2,3)可以作为集合的元素。（   ）

③ 元组([1,2,3],4,5)可以作为集合的元素。（   ）

解答：①正确；②正确；③错误。

注意，set()函数不仅可以用于创建集合，还可以将字符串、元组、列表等数据对象转化为集合。

二、集合常见操作

集合是无序的，无法通过索引和切片访问其中的元素，但集合是可变的，可以对其元素进行增减、删除等操作。

（一）增加元素

Python 中可以使用 set.add(元素)为指定集合添加元素，如使用 set1.update(set2)将集合 set2追加到集合 set1 中。

【示例 3-20】集合元素增加。

```
s1={'库存现金',2000}        # 创建集合
s2={1}                     # 创建集合
s2.add('我爱中国')          # 为 s2 集合添加元素'我爱中国'
print(s2)                  # 结果为{1,'我爱中国'}
s2.update(s1)              # 将 s1 的内容扩充到 s2 中
print(s2)                  # 结果为{'我爱中国',1,2000,'库存现金'}
```

运行结果：

```
{1, '我爱中国',}
{'我爱中国', 1, 2000, '库存现金'}
```

（二）删除元素

删除集合中的元素主要有 remove、discard 及 pop 这 3 种方法。

remove(元素)直接删除集合中指定的元素，如果要删除的元素不存在，则程序会报错。

discard(元素)也用于删除集合中的元素，功能与 remove 相似，但如果要删除的元素不存在，不会引发错误。

pop()可以随机删除集合中的某个元素，并返回被删除的元素。

【示例 3-21】删除集合元素。

```
s1={'a',(1,'ss'),'库存现金',2000}
s1.remove('a')              # 删除元素'a'
print(s1)
s1.discard(2000)            # 删除元素 2000
print(s1)
s1.pop()                    # 随机删除 s1 中任意一个元素，多次执行结果不一样
print(s1)
```

运行结果：

```
{2000, '库存现金', (1, 'ss')}
{'库存现金', (1, 'ss')}
{(1, 'ss')}
```

（三）集合计算

集合不支持使用+及*运算符进行拼接和重复操作。判断一个元素是否存在于集合当中可使用成员运算符 in 或者 not in 进行操作。

在 Python 中，集合还可以完成交集、并集和差集等运算。

两个集合的交集表示两个集合都有的相同元素；求集合的交集使用集合内置的 intersection()方法或者使用&集合交集运算符。

两个集合的并集表示两个集合包含的所有元素重组成新的集合；求集合的并集使用集合内置的 union()方法或者使用|集合并集运算符。

两个集合的差集表示包含在一个集合中但不包含在另一个集合中的元素组成的新集合；求集合的差集可以使用集合内置的 difference()方法或者使用-集合差集运算符。

利用"set1.difference(set2)"语句计算在集合 set1 中而不在集合 set2 中的元素并组成新的集合。

假设 s1={1,3,4,5,7}，s2={1,2,3,4,5,6}，相关交集、并集、差集的计算如表 3-3 所示。

表 3-3   集合的 3 种运算及示例

操作符、函数	描述	示例与结果
&（集合交集运算符）	交集	s1&s2 输出结果：{1, 3, 4, 5}
set1.intersection(set2)		s1.intersection(s2) 输出结果：{1, 3, 4, 5}
|（集合并集运算符）	并集	s1|s2 输出结果：{1, 2, 3, 4, 5, 6, 7}
set1.union(set2)		s1.union(s2) 输出结果：{1, 2, 3, 4, 5, 6, 7}
−（集合差集运算符）	差集	s1-s2 输出结果：{7}
set1.difference(set2)		s1.difference(s2) 输出结果：{7}

【点石成金】

字典是由键-值对组成的无序集合,集合是由唯一元素组成的无序集合,二者都是可变的,可以进行添加、删除元素操作。字典的键是唯一的,值可以是任意数据类型;集合中的元素没有键,只有值。在字典中,可以通过键来查找对应的值;在集合中,可以通过成员关系运算符(in、not in)来检查元素是否存在于集合中。

职场新动态

Python 自动化!7 行代码 9 秒钟搞定原来 1 390 分钟的重复工作

想象一下,你在办公桌前忙碌地打开、修改、保存着一个个 Excel 表格,这些表格堆积如山,仿佛永远也做不完,这种场景是否让你感到绝望?现在利用 Python 自动化办公,仅需 7 行代码,在短短 9 秒钟内就能完成原本需要 1 390 分钟完成的重复性劳动。

【故事背景】

在某家大型企业中,一位库存管理人员每天都需要记录入库、出库情况。上一年,他辛勤地制作了 278 个 Excel 表格,每个表格对应一天的出入库情况。然而,由于疏忽,这些表格的标题一直未能按照公司新上线的企业资源计划(Enterprise Resource Planning,ERP)系统的识别规则进行修改。

【挑战与困境】

随着 ERP 系统的全面上线,这位库存管理人员面临一个巨大的挑战:如何将这 278 个历史表格中的标题信息?"计划外出\入库及仓库调整单"按照 ERP 识别系统的规则修改成"零件测试领料单",要知道,传统的操作方法——打开表格、修改内容、保存表格——不仅费时费力,而且容易出错。他试了一天,采用传统方法完成一个表格的内容更新需要大约 5 分钟。那么,对于 278 个表格来说,这将是一个耗时 1 390 分钟的庞大工程!更糟糕的是,频繁打开和关闭表格还可能增加出错的风险。

【Python 自动化登场】

在这位库存管理人员即将陷入绝望之际,同事用 Python 自动化帮他解决了问题,仅需编写 7 行代码,就可以在短短 9 秒钟内完成原本需要 1 390 分钟才能完成的重复性劳动。

```
1  from openpyxl import load_workbook
2  wb = load_workbook('data\领料单(每日).xlsx')
3  sheet_names=wb.get_sheet_names()          # 获得工作簿的所有工作表名
4  for sheet_name in sheet_names :           # 遍历每个工作表,更改 A4 单元格的数据
5      ws=wb[sheet_name]
6      ws['A4'].value='零件测试领料单'          # 直接将 A4 单元格的值改为需要的
7  wb.save('data\领料单(每日)-更改后.xlsx')
```

当同事运行完代码后,他惊讶地发现:原本需要数小时才能完成的任务,现在竟然在几秒钟内就完成了!而且,由于整个过程完全由计算机自动完成,出错的可能性大大降低。

【结语】

这个故事告诉我们:在数字化时代,掌握一门编程语言和自动化技能对于提高工作效率具有重要意义。Python 作为一种简单易学、功能强大的编程语言,在自动化办公领域具有广泛的应用前景。

如果你也厌倦了烦琐的重复性劳动,不妨尝试学习 Python 编程吧,或许你也能成为下一个职场自动化"达人"。

综合应用案例1　应收款信息管理

【任务背景】

应收款信息管理是企业财务管理的重要组成部分，主要负责管理和跟踪客户欠企业的款项，保证企业能够及时收回销售产生的应收账款。应收款信息管理包括记录应收款信息、进行账龄分析、实施催收管理、进行信用评估与控制、处理坏账、编制报告与分析、保障合规性以及维护客户关系等，能有效管理现金流，减少坏账风险。

利用 Python 进行应收款信息管理，可以大大提高工作效率。

【任务要求】

康乐公司 2024 年 9 月初应收账款资料如表 3-4 所示。

表 3-4　　　　　　康乐公司 2024 年 9 月初应收账款资料

客户名称	联系人	联系电话	应收账款/元
广州晨光信息有限公司	陈琳	13712345678	328 300
哈尔滨瑞祥贸易有限公司	刘浩宇	13507890123	443 100
西安创新科技有限公司	周骏杰	13902234556	744 000
福州碧水商贸有限公司	王婉娜	13356834576	786 400
长沙启航科技有限公司	于子豪	13756789012	356 600
北京星辉电器有限公司	丁一萱	13577495201	630 600
成都蓝海科技发展有限公司	杨毅	13645567890	198 800
沈阳华美电器有限公司	孙雅莉	13945678923	0

为进一步优化客户管理，提升企业竞争力，康乐公司实施应收款信息管理数字化。由财务部李瑞负责应收款管理，营销部王琳负责客户管理。请模拟二人完成以下工作。

1. 管理应收款信息

（1）创建应收账款金额的列表。

（2）将列表中第 5 至 6 个元素更改为 24 000、600 000，同时将漏记的一笔记录添加到应收账款当中，即 198 800。

（3）统计 2024 年 9 月初康乐公司应收账款的笔数及账面总金额。

（4）将 2024 年 9 月初康乐公司应收账款按金额从大到小进行排序。

（5）输出 2024 年 9 月初康乐公司应收账款的最大值和最小值。

2. 管理客户信息

（1）创建客户信息，如表 3-4 所示，字段有：公司名、联系人与联系电话。

（2）按公司名"北京星辉电器有限公司"查找联系人与联系电话。

（3）添加客户信息，公司名（上海宏达商贸有限公司）、联系人（张越）与联系电话（13344556688）。

（4）删除"沈阳华美电器有限公司"的信息。

（5）统计当前客户数量。

（6）一次性输出所有公司名称。

提示：字典 key 方法。

（7）一次性输出所有联系人的姓名及联系电话。

提示：字典 values 方法。

（8）一次性输出所有的公司名及联系人信息。

提示：字典 items 方法。

（9）查找不到公司（沈阳华美电器有限公司）时，得到"公司不存在！"的信息反馈。

提示：字典 get(key,default)方法。

【实施要点】相关代码

1. 管理应收款信息的代码。

```
ls = [328300,443100,744000,786400,356600,630600]    # 创建应收账款金额列表
print(f'康乐公司2024年9月初应收账款为:{ls}。')            # 输出应收账款列表
ls[4:6] = [24000,600000]                   # 更改列表中索引为4和5的金额为24000及600000
print(ls)
ls.append(198800)                          # 增加应收账款金额198800
print(f'补记后康乐公司2024年9月初应收账款为:{ls}。')
print(ls)
count_08=len(ls)                           # 计算应收款总笔数
sum_08 = sum(ls)                           # 计算应收款总金额
print(f'2024年9月初康乐公司应收账款一共有{count_08}笔，账面总金额为:{sum_08}元。')
sort_08 = sorted(ls,reverse=True)          # 从大到小将应收款金额排序
print(f'2024年9月初康乐公司应收账款按金额从大到小进行排序为{sort_08}。')
max_08 = max(ls)                           # 最大应收款金额
min_08 = min(ls)                           # 最小应收款金额
print(f'2024年9月初康乐公司应收账款中最大的金额为{ max_08 }，最小的金额为{ min_08 }。')
```

2. 管理客户信息的代码。

```
# 创建客户信息字典
client_info = {
    '广州晨光信息有限公司':'陈琳 13712345678',
    '哈尔滨瑞祥贸易有限公司':'刘浩宇 13507890123',
    '西安创新科技有限公司':'周骏杰 13902234556',
    '福州碧水商贸有限公司 ':'王婉娜 13356834576',.
    '长沙启航科技有限公司':'于子豪 13756789012',
    '北京星辉电器有限公司':'丁一萱 13577495201',
    '成都蓝海科技发展有限公司':'杨毅 13645567890',
    '沈阳华美电器有限公司':'孙雅莉 13945678923'
}
# 按公司名"北京星辉电器有限公司"查找联系人与联系电话。
info = client_info['北京星辉电器有限公司']
print(f'北京星辉电器有限公司联系人及电话:{info}\n')
client_info['上海宏达商贸有限公司'] = '张越 13344556688'   # 添加客户信息
print(f'添加客户后客户清单:{client_info}\n')
del(client_info['沈阳华美电器有限公司'])                    # 删除客户信息
print(f'删除客户后客户清单:{client_info}\n')
print(f'目前康乐公司有{len(client_info)}位客户。\n')        # 统计输出当前客户数量
# 一次性输出所有公司名称
```

视频讲解

应收款信息管理

```
clients = client_info.keys()
print(f'康乐公司客户清单：{list(clients)}\n')
# 一次性输出所有联系人的姓名及联系电话
contacts = client_info.values()
print(f'康乐公司客户联系人：{list(contacts)}\n')
# 一次性输出所有的公司名及联系人信息
cli = client_info.items()
print(f'康乐公司客户及联系人：{list(cli)}')
# 查找的公司不存在
print(client_info.get('沈阳华美电器有限公司','公司不存在！'))
```

【运行结果】

1. 管理应收款信息的运行结果。

康乐公司 2024 年 9 月初应收账款为：[328300, 443100, 744000, 786400, 356600, 630600]。
[328300, 443100, 744000, 786400, 24000, 600000]
补记后康乐公司 2024 年 9 月初应收账款为：[328300, 443100, 744000, 786400, 24000, 600000, 198800]。
[328300, 443100, 744000, 786400, 24000, 600000, 198800]
2024 年 9 月初康乐公司应收账款一共有 7 笔，账面总金额为：3124600 元。
2024 年 9 月初康乐公司应收账款按金额从大到小进行排序为 [786400, 744000, 600000, 443100, 328300, 198800, 24000]。
2024 年 9 月初康乐公司应收账款中最大的金额为 786400，最小的金额为 24000。

2. 管理客户信息的运行结果。

北京星辉电器有限公司联系人及电话：丁一萱 13577495201

添加客户后客户清单：{'广州晨光信息有限公司'：'陈琳 13712345678'，'哈尔滨瑞祥贸易有限公司'：'刘浩宇 13507890123'，'西安创新科技有限公司'：'周骏杰 13902234556'，'福州碧水商贸有限公司'：'王婉娜 13356834576'，'长沙启航科技有限公司'：'于子豪 13756789012'，'北京星辉电器有限公司'：'丁一萱 13577495201'，'成都蓝海科技发展有限公司'：'杨毅 13645567890'，'沈阳华美电器有限公司'：'孙雅莉 13945678923'，'上海宏达商贸有限公司'：'张越 13344556688'}

删除客户后客户清单：{'广州晨光信息有限公司'：'陈琳 13712345678'，'哈尔滨瑞祥贸易有限公司'：'刘浩宇 13507890123'，'西安创新科技有限公司'：'周骏杰 13902234556'，'福州碧水商贸有限公司'：'王婉娜 13356834576'，'长沙启航科技有限公司'：'于子豪 13756789012'，'北京星辉电器有限公司'：'丁一萱 13577495201'，'成都蓝海科技发展有限公司'：'杨毅 13645567890'，'上海宏达商贸有限公司'：'张越 13344556688'}

目前康乐公司有 8 位客户。

康乐公司客户清单：['广州晨光信息有限公司', '哈尔滨瑞祥贸易有限公司', '西安创新科技有限公司', '福州碧水商贸有限公司', '长沙启航科技有限公司', '北京星辉电器有限公司', '成都蓝海科技发展有限公司', '上海宏达商贸有限公司']

康乐公司客户联系人：['陈琳 13712345678', '刘浩宇 13507890123', '周骏杰 13902234556', '王婉娜 13356834576', '于子豪 13756789012', '丁一萱 13577495201', '杨毅 13645567890', '张越 13344556688']

康乐公司客户及联系人：[('广州晨光信息有限公司', '陈琳 13712345678'), ('哈尔滨瑞祥贸易有限公司',

'刘浩宇 13507890123'), ('西安创新科技有限公司', '周骏杰 13902234556'), ('福州碧水商贸有限公司', '王婉娜 13356834576'), ('长沙启航科技有限公司', '于子豪 13756789012'), ('北京星辉电器有限公司', '丁一萱 13577495201'), ('成都蓝海科技发展有限公司', '杨毅 13645567890'), ('上海宏达商贸有限公司', '张越 13344556688')]
公司不存在!

综合应用案例 2　库存信息管理

【任务背景】

库存信息管理是 ERP 系统中的一个重要组成部分，它涉及对企业的库存物资进行有效的跟踪和控制，以确保企业能够高效地运作，同时减少不必要的成本支出。库存信息管理通常包含库存水平管理、库存分类管理、入库管理、出库管理、库存盘点、库存预警、供应商管理、需求预测、退货管理、库存成本管理、库存报告与分析等方面。利用 Python 工具可以实现有效的库存信息管理，帮助企业更好地掌握库存状态，提高客户满意度，减少资金占用，降低成本，从而提升整体运营效率。

【任务要求】

ABC 零售商是一家大型电子产品零售商，经营多种产品，包括电脑配件、办公设备等。为了更好地管理其库存，ABC 零售商决定开发一个库存管理系统。编写 Python 程序完成以下功能。

（1）创建每种产品的详细信息列表，包括产品名称、型号、价格、库存数量等。库存产品资料如表 3-5 所示。

表 3-5　　　　　　　　　　库存产品资料

产品名称	型号	价格/元	库存数量	单位
笔记本电脑	ThinkPad X1	6 200	100	台
显示器	Dell U2415	1 200	150	台
键盘	Logitech K780	150	200	个
鼠标	Logitech MX Master 3	80	10	个

（2）添加、更新、删除等库存管理操作。

添加新产品到库存。产品名称为"打印机"，型号为"HP LaserJet Pro MFP M428fdw"，价格为 350 元，数量为 50 台。

更新产品的库存数量，键盘售出 20 个，剩余 180 个。

删除不再销售的产品，清空型号为"Logitech MX Master 3"的鼠标。

（3）查询库存中特定产品的信息。显示仓库中"显示器"的信息。

（4）列出所有库存产品。

（5）计算库存总价值。

视频讲解

库存信息管理

【实施要点】

（1）相关代码如下。

```
inventory = {
    '笔记本电脑': {'型号': 'ThinkPad X1', '价格': 6200, '库存数量': 100},
```

```
    '显示器': {'型号': 'Dell U2415', '价格': 1200, '库存数量': 150},
    '键盘': {'型号': 'Logitech K780', '价格': 150, '库存数量': 200},
    '鼠标': {'型号': 'Logitech MX Master 3', '价格': 80, '库存数量': 10}
}
print(inventory)
```

（2）相关代码如下。

```
inventory = {
    '笔记本电脑': {'型号': 'ThinkPad X1', '价格': 6200, '库存数量': 100},
    '显示器': {'型号': 'Dell U2415', '价格': 1200, '库存数量': 150},
    '键盘': {'型号': 'Logitech K780', '价格': 150, '库存数量': 200},
    '鼠标': {'型号': 'Logitech MX Master 3', '价格': 80, '库存数量': 10}
}
# 添加打印机
inventory['打印机'] = {'型号': 'HP LaserJet Pro MFP M428fdw', '价格': 350, '库存数量': 50}
# 更新键盘的数量
inventory['键盘']['库存数量'] = 180
# 删除鼠标
del inventory['鼠标']
print(inventory)
```

（3）相关代码如下。

```
# 查询显示器的信息
monitor_info = inventory.get('显示器')
print(monitor_info)
```

（4）相关代码如下。

```
# 列出所有产品
product_names = list(inventory.keys())
product_details = list(inventory.values())
# 输出产品名称和对应的信息
print(f"{product_names[0]}:{product_details[0]['型号']}, 价格: {product_details[0]['价格']}, 库存数量: {product_details[0]['库存数量']}")
print(f"{product_names[1]}:{product_details[1]['型号']}, 价格: {product_details[1]['价格']}, 库存数量: {product_details[1]['库存数量']}")
print(f"{product_names[2]}:{product_details[2]['型号']}, 价格: {product_details[2]['价格']}, 库存数量: {product_details[2]['库存数量']}")
print(f"{product_names[3]}:{product_details[3]['型号']}, 价格: {product_details[3]['价格']}, 库存数量: {product_details[3]['库存数量']}")
```

（5）相关代码如下。

```
# 计算库存总价值
total_value = sum(details['价格'] * details['库存数量'] for details in inventory.values())
print(f'库存总价值: ￥{total_value}')
```

【运行结果】

（1）运行结果如下。

```
{'笔记本电脑': {'型号': 'ThinkPad X1', '价格': 6200, '库存数量': 100}, '显示器': {'型号': 'Dell U2415', '价格': 1200, '库存数量': 150}, '键盘': {'型号': 'Logitech K780', '价格': 150, '库存数量': 200}, '鼠标': {'型号': 'Logitech MX Master 3', '价格': 80, '库存数量': 10}}
```

（2）运行结果如下。

{'笔记本电脑': {'型号': 'ThinkPad X1', '价格': 6200, '库存数量': 100}, '显示器': {'型号': 'Dell U2415', '价格': 1200, '库存数量': 150}, '键盘': {'型号': 'Logitech K780', '价格': 150, '库存数量': 180}, '打印机': {'型号': 'HP LaserJet Pro MFP M428fdw', '价格': 350, '库存数量': 50}}

（3）运行结果如下。

{'型号': 'Dell U2415', '价格': 1200, '库存数量': 150}

（4）运行结果如下。

笔记本电脑：ThinkPad X1，价格：6200，库存数量：100
显示器：Dell U2415，价格：1200，库存数量：150
键盘：Logitech K780，价格：150，库存数量：180
打印机：HP LaserJet Pro MFP M428fdw，价格：350，库存数量：50

（5）运行结果如下。

库存总价值：￥844500

践悟行知

持续学习是不断超越自我的进步之路

科学技术日新月异，知识更新换代不断加速。在这个快速变化的时代中，终身学习已经成为我们必须坚持的生活方式，不学习意味着将被时代淘汰。终身学习不仅可以帮助我们更新知识，提升自身价值，还能保持年轻心态，充满活力和创造力。

精进不辍

一、判断题

1. 列表只能存储同一数据类型的数据。（ ）
2. 元组支持增加、删除和修改元素的操作。（ ）
3. 列表的索引从 1 开始。（ ）
4. 字典中的键唯一。（ ）
5. 集合中的元素无序。（ ）
6. Python 中的列表、元组、集合和字典都是序列结构。（ ）
7. 列表的索引可以是负数，用于从后向前访问元素。（ ）
8. 使用切片操作 lst[2:4]可以获取列表 lst 中索引为 2 和 4 的元素。（ ）
9. append 方法用于在列表的末尾添加一个元素。（ ）
10. 元组是不可变的，意味着一旦创建就不能修改其内容。（ ）
11. 字典中的元素是无序的，但在 Python 3.7 及以上版本中，字典会按照插入顺序保持元素的顺序。（ ）
12. popitem 方法用于从字典中移除并返回一个(key,value)，且总是移除字典中的第一个元素。（ ）
13. 切片操作"序列名[start:end:step]"用于从序列中提取子序列，其中 start、end 和 step 都是可选的。（ ）

14. Python 中的序列结构包括列表、元组、集合、字典和字符串。　　　（　　　）

15. clear、remove 和 pop 都是用于从列表中删除元素的方法，但它们的工作方式各不相同。　　　　　　　　　　　　　　　　　　　　　　　　　（　　　）

二、选择题

1. 下列方法中，可以对列表元素排序的是（　　　）。

    A. sort()　　　　　　B. reverse()　　　　　C. max()　　　　　　D. list()

2. 阅读下面的程序，其运行结果为（　　　）。

```
li_one = [2, 1, 5, 6]
print(sorted(li_one[:2]))
```

    A. [1,2]　　　　　　B. [2,1]　　　　　　C. [1,2,5,6]　　　　D. [6,5,2,1]

3. 下列选项中，默认删除列表最后一个元素的是（　　　）。

    A. del　　　　　　　B. remove()　　　　　C. pop()　　　　　　D. extend()

4. 阅读下面程序，其输出结果是（　　　）。

```
lan_info = {'01' : 'Python', '02' : 'Excel', '03' : 'PowerBI'}
lan_info.update({'03' : 'PHP'})
print(lan_info)
```

    A. {'01' :'Python', '02' :'Excel', '03' :'PHP'}

    B. {'01' :'Python', '02' :'Excel', '03' :'PowerBI'}

    C. {'03' :'PHP','01' :'Python', 02' :'Java'}

    D. {'01' :'Python', '02' :'Java'}

5. 下面程序的运行结果是（　　　）。

```
set_01 = {'a', 'c', 'b', 'a'}
set_0(1) add('d')
print(len(set_01))
```

    A. 5　　　　　　　　B. 3　　　　　　　　C. 4　　　　　　　　D. 2

6. 在 Python 中，以下（　　　）不是序列结构。

    A. 列表　　　　　　B. 字典　　　　　　C. 元组　　　　　　D. 字符串

7. Python 中列表的正向递增索引取值范围描述正确的是（　　　）。

    A. [0,N]　　　　　　B. [1,N]　　　　　　C. [0,N-1]　　　　D. [1,N-1]

8. 使用切片操作获取列表 lst=[1,2,3,4,5]中索引 2 到 4（不包括 4）的元素，正确的语法是（　　　）。

    A. lst[2:4]　　　　　B. lst[2:3]　　　　　C. lst[2:5]　　　　　D. lst[3:4]

9. 下列（　　　）方法不能用于向列表中添加元素。

    A. append　　　　　B. insert　　　　　　C. sort　　　　　　　D. extend

10. 创建一个元组(1,2,3)的正确方式是（　　　）。

    A. tuple(1,2,3)　　　B. (1,2,3)　　　　　C. t=tuple[1,2,3]　　D. t = (1 2 3)

11. 字典中用于获取键对应值的正确方法是（　　　）。

    A. dict.keys()　　　　B. dict.values()　　　C. dict.get(key)　　　D. dict.items()

12. 下列（　　　）不是集合的常见操作方法。

    A. add　　　　　　　B. remove　　　　　　C. append　　　　　　D. clear

13. 使用 del 语句删除列表中的元素时，需要指定（　　　）。

    A. 元素的索引   B. 元素的值

    C. 元素的类型和索引   D. 元素的类型和值

14. 下列不能创建字典{'name':'John','age': 30}的方式是（　　　）。

    A. dict({'name': 'John','age': 30})

    B. dict[['name','John'],['age', 30]]

    C. {'name': 'John','age': 30}

    D. dict(name='John',age=30)

15. 在切片操作中，如果省略 step 参数，则默认步长为（　　　）。

    A. 0   B. 1   C. -1   D. 2

三、操作题

1. 给定字典 dict1 = {"公司名称":'沈阳市伟业科技有限公司',"成立时间":'2019 年 5 月',"资产总额":5000000}，请利用 Python 字典相关知识，完成对字典"公司名称""成立时间""资产总额"对应的值的索引后，修改"资产总额"对应的值为 3 000 000，增加"员工数量"120 人到字典后再做删除处理。

2. 公司需要统计某部门所有员工的月度销售额，并计算月度销售总额及平均销售额。

要求：假设有一个包含员工销售额的列表（如[12000, 15000, 8000, 10000, 11000]），编写一个 Python 程序，计算并输出月度销售总额和平均销售额。

项目四

流程控制

学习目标

知识目标

◆ 了解流程控制方法，掌握 3 种流程结构的特点
◆ 了解标识符、缩进、引号、注释在 Python 中的表示方法

技能目标

◆ 能够根据实际问题的需要应用选择结构、循环结构及其嵌套设计程序
◆ 能够运用 for 循环语句生成数字列表
◆ 能够准确使用 break、continue 语句进行程序的跳转，会使用 pass 空语句

素养目标

◆ 结合实际问题研究算法，培养逻辑思维和辩证思维
◆ 保证代码的正确可靠，培养精益求精、不断迭代的工匠精神

内容框架

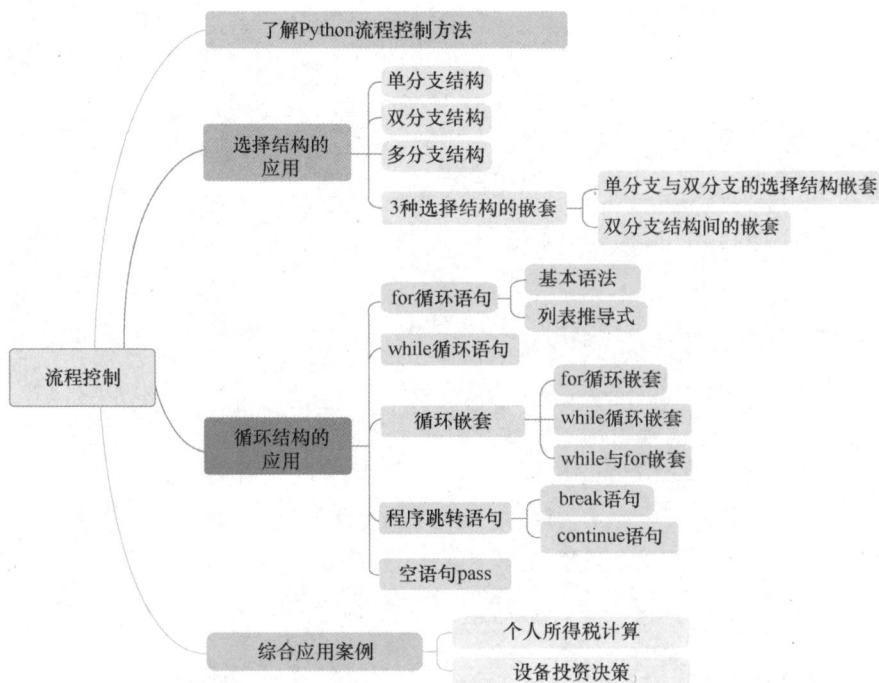

砥志研思

　　流程控制是编程中的核心概念，是程序自动化和智能化的基础。通过条件判断、循环和异常处理等机制，允许开发者根据不同的情景执行不同的操作。在人工智能领域，算法的实现需要精确控制数据流和计算过程。掌握 Python 的程序流程控制能够为人工智能、数据分析、机器学习等领域的研究和应用提供强大的支持，使得自动化和智能化成为可能。

　　【关键词】人工智能　流程控制　自动化

任务一　了解 Python 的流程控制方法

　　流程控制是计算机控制程序执行顺序的方法，一般根据用户的需求来决定，通过设计流程控制语句来实现。程序的执行顺序会直接影响程序运行的结果，它是程序语言的基础，也是程序设计的重点。

　　Python 中有 3 种流程控制方法。

　　顺序执行，即按照程序语句的自然顺序，从上到下依次按行执行所有语句，对应程序设计中的顺序结构。

　　选择执行，即程序中含有条件语句，根据条件判断的结果选择执行部分语句，对应程序设计中的选择结构（分支结构）。

　　循环执行，即在一定条件下反复执行某段程序，对应程序设计中的循环结构，其中被反复执行的语句为"循环体"，决定循环是否中止的判断条件为"循环条件"。

　　顺序结构是最基本的程序结构，是 Python 默认的执行方式。顺序结构通常不需要缩进，顶格编写代码即可，但选择结构和循环结构的代码块里的各行内容需要统一缩进至少 1 个空格（通常是 4 个空格）才不会导致程序报错。一般在 Python 中，程序总是按照顺序结构执行的，而在顺序结构中可以包含选择结构和循环结构。

　　输入输出语句就是典型的顺序结构。顺序结构流程如图 4-1 所示。

图 4-1　顺序结构流程

任务二　选择结构的应用

　　选择结构包括 3 种：单分支结构、双分支结构及多分支结构，分别由 if 语句、if、else 语句和 if、elif、else 语句实现。这 3 种选择语句之间可以相互嵌套。

一、单分支结构

　　日常工作生活中常常需要根据不同的条件来决定执行不同的任务。如，出行是否选择自驾，业务跟进是否交由甲员工完成等。在 Python 中，如果想实现上述的条件选择，只能使用 if 语句。if 语句相当于"如果……就……"，其基本语法格式如下。

```
if 表达式：
    代码块
```

　　if 语句在执行过程中，首先判断条件表达式是否成立。如果表达式的值为真（True），则执行冒号（：）下面的代码块；如果表达式的值为假(False)，则跳过冒号下面的代码块，执行代码块后面的语句。单分支结构流程如图 4-2 所示。

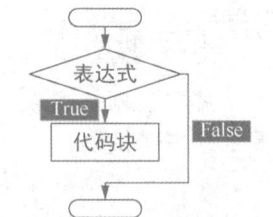

需要注意的是，表达式可以为一个布尔值或者变量，也可以是比较表达式或者逻辑表达式。当表达式的值为非零的数字或者非空的字符串时，if 语句也会认为条件成立。每个条件后面都要使用冒号（:）来引出满足条件时要执行的代码块，代码块整体缩进 4 个空格（1 个 Tab 键）。

图 4-2　单分支结构流程

【示例 4-1】企业规定每天库存现金余额不能超过 5 000 元，超出的部分出纳要及时送存银行。利用单分支结构设计现金余额检验系统。

```
cash=float(input('请输入今日库存现金余额：'))
if cash>=5000:
    print('库存现金已经超出限额，请及时送存银行')
```

运行结果：

```
请输入今日库存现金余额： 6000
库存现金已经超出限额，请及时送存银行
```

二、双分支结构

在 Python 中，if 语句后面有时也可以跟 else 语句，构成双分支结构。if...else 语句相当于"如果……就……，否则……"，基本语法格式如下。

```
if 表达式:
    代码块 1
else:
    代码块 2
```

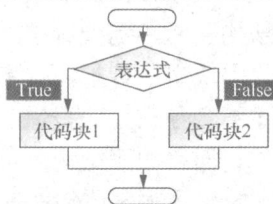

双分支结构语句的注意事项与单分支结构的相同。如果表达式的值为真（True），则执行代码块 1，如果表达式的值为假（False），则执行代码块 2。双分支结构流程如图 4-3 所示。

另外，if...else 语句还可以简化为条件表达式的形式，具体见示例 4-2。

图 4-3　双分支结构流程

【示例 4-2】承接示例 4-1，计算送存银行余额。

```
lim=5000 # 库存限额为5000
cash=float(input('请输入企业当日库存现金余额：'))
if cash>=lim:
    cash-=lim
else:
    cash=0
print(f'请将{cash}元送存银行。')
```

运行结果：

```
请输入企业当日库存现金余额： 6000
请将1000.0元送存银行。
```

简化形式语句如下。

```
lim=5000 # 库存限额为5000
cash=float(input('请输入企业当日库存现金余额：'))
cash-=lim if cash>=lim else 0
print(f'请将{cash}元送存银行。')
```

运行结果与非简化形式一致。

三、多分支结构

如果实际的情况较为复杂，需要逐一分析执行条件和相应的执行内容，则需要设计多分支结构程序加以判断，Python 中使用 if...elif...else 语句进行判断。if...elif...else 语句相当于"如果……则……，否则如果满足某种条件则……，不满足某种条件则……"，基本语法格式如下。

```
if 表达式1:
    代码块 1
elif 表达式2:
    代码块 2
    …
elif 表达式n:
    代码块 n
else:
    代码块 n+1
```

多分支结构也要遵循选择结构语句的基本要求。如果表达式 1 的值为真（True），则执行代码块 1；否则判断表达式 2，如果表达式 2 的值为真（True），则执行代码块 2，如果表达式 2 的值不为真，则继续向下判断表达式 n……最后如果所有的表达式均不为真，则执行代码块 $n+1$。多分支结构流程如图 4-4 所示。

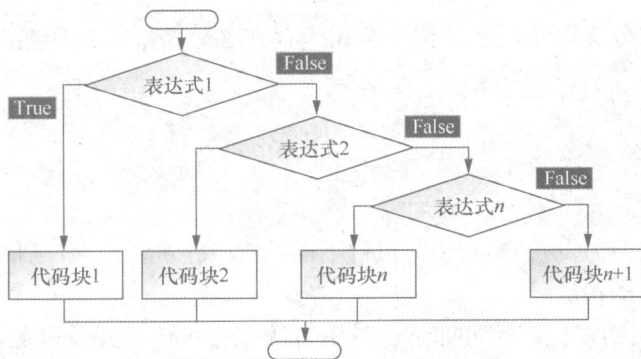

图 4-4　多分支结构流程

【示例 4-3】公司实施绩效考核，根据员工绩效评分确认等级：90 分及以上为优秀，80 分～90 分（不含 90 分）为良好，60 分～80 分（不含 80 分）为合格，60 分以下为不合格。请据此设计员工绩效等级查询系统。

```python
score=eval(input('请输入您的绩效评分: '))
if score>=90:
    print('恭喜，您的成绩为{}分，等级优秀。'.format(score))
elif score>=80:
    print('恭喜，您的成绩为{}分，等级良好。'.format(score))
elif score>=60:
    print('恭喜，您的成绩为{}分，等级合格。'.format(score))
else:
    print('抱歉，您的成绩为{}分，没有通过考核。'.format(score))
```

运行结果：

```
请输入您的绩效评分： 95
恭喜，您的成绩为 95 分，等级优秀。
请输入您的绩效评分： 80
恭喜，您的成绩为 80 分，等级良好。
请输入您的绩效评分： 78
恭喜，您的成绩为 78 分，等级合格。
请输入您的绩效评分： 56
抱歉，您的成绩为 56 分，没有通过考核。
```

> 💡 **【点石成金】**
>
> 单分支结构简单直接，适用于单一条件的判断；双分支结构提供条件判断与选择的功能，更加灵活；而多分支结构则通过多个条件的判断与选择，实现了对复杂情况的全面覆盖和处理。在实际编程中，应根据具体需求选择合适的分支结构。

四、3 种选择结构的嵌套

单分支结构、双分支结构和多分支结构在实际开发中是可以相互嵌套使用的，内层的分支结构将作为外层分支结构的语句块。一般可分为以下两种嵌套形式。

（一）单分支与双分支的选择结构嵌套

单分支语句与双分支语句嵌套结构一般用于存在 3 种情况的选择案例。其语法结构如下。

```
if 表达式 1:
    if 表达式 2:
        代码块 1
    else:
        代码块 2
```

如果表达式 1 的值为真（True），则执行下面的 if...else 语句，否则跳过下面的代码块，执行代码块 2 后面的语句。

【示例 4-4】 公司销售提成政策如下：月销售额在 1 000 万元及以上，按销售额的 3%提成，500 万～1 000 万按销售额的 1%提成，500 万元以下无提成。请根据员工销售额设计提成计算工具。

```
amt=float(input('请输入销售额（万元）: '))       # 输入销售额（万元）
sale_a=0                                          # 定义提成初始值为 0
if amt>=500:
    if amt>=1000:
      sale_a=amt*0.03*10000         # 计算销售额大于等于 1000 万元时的提成
    else:
      sale_a=amt*0.01*10000         # 计算销售额大于等于 500 万元、小于 1000 万元时的提成
print(f'销售提成为{sale_a}元')
```

运行结果：

```
请输入销售额（万元）： 400
销售提成为 0 元
请输入销售额（万元）： 600
```

销售提成为 60000.0 元
请输入销售额（万元）：1200
销售提成为 360000.0 元

（二）双分支结构间的嵌套

双分支结构嵌套指在 if...else 语句中嵌套 if...else 语句，其语法结构如下。

```
if 表达式1:
    if 表达式2:
        代码块1
    else:
        代码块2
else:
    if 表达式3:
        代码块3
    else:
        代码块4
```

实际中如果需要选择的情况较多，可使用这种嵌套结构。当表达式 1 的值为真(True)，则执行嵌套的第一条 if...else 语句；如果表达式 1 的值不为真，则执行嵌套的第二条 if...else 语句。

【示例 4-5】供应商甲给出的优惠政策如下：一次性采购数量大于 10 000 件，享受 VIP 待遇，如果此时采购总额超过 10 万元，享受 85 折优惠，不超过 10 万元，享受 9 折优惠；如果一次性采购数量不超过 10 000 件，总采购金额超过 10 万元，享受 88 折优惠，不超过 10 万元，享受 99 折优惠。某公司欲采购均价为 9.5 元的材料 12 000 件，应支付多少货款？

```
num=12000
price=9.5
amt=num*price              # 定义金额计算公式
if num>10000:
    if amt>100000:
        amt1=amt*0.85      # 数量在1万件以上且金额在10万元以上，享受85折优惠
    else:
        amt1=amt*0.9       # 数量在1万件以上且金额在10万元及以下，享受9折优惠
else:
    if amt>100000:
        amt1=amt*0.88      # 数量在1万件以下且金额在10万元以上，享受88折优惠
    else:
        amt1=amt*0.99      # 数量在1万件以下且金额在10万元及以下，享受99折优惠
print(f'本次采购需要支付{amt1}元')
```

运行结果：

本次采购需要支付 96900.0 元

任务三　循环结构的应用

循环是日常生活中常见的现象，斗转星移、日月更迭都是循环。有些事物必须周而复始地运动才能有其存在的意义，如公交车、地铁等交通工具的运营。在 Python 中循环语句分为两种：一种是重复一定次数的循环，称为遍历循环，通过 for 语句实现；另一种是一直重复，直到条件不满足时才结束的循环，称为条件循环，通过 while 语句实现。这两种循环语句之间可以相互嵌套。

一、for 循环语句

（一）基本语法

for 循环语句为重复一定次数的循环，适用于遍历可迭代对象中的元素。遍历指沿着某一路线进行搜索，对路线中的每个节点都进行一次访问。可迭代对象一般为包含多个元素的数据容器，如字符串、列表、元组等。for 循环语句就是依次把一个可迭代对象中的每个元素访问一遍。其基本语法格式如下。

```
for 迭代变量 in 对象:
    循环体代码块
```

其中，迭代变量（item）用于保存每次循环从数据容器中取出的元素。对象（iterable）就是要遍历或迭代的数据容器，如字符串、列表、元组和字典等。冒号一定不能省略，否则会出错。循环体代码块就是需要被循环执行的代码。

【示例 4-6】循环输出 3 次"我爱祖国"。

```
for i in [1,2,3]: # 遍历列表
    print('我爱祖国')
```

运行结果：

```
我爱祖国
我爱祖国
我爱祖国
```

从上例可见，对象中有几个元素，循环体就执行几次，元素的个数决定了循环的次数。

牛刀小试

遍历字符串"Python"并输出每个字母。

```
for i in 'Python': # 遍历字符串
    print(i)
```

运行结果：

```
P
y
t
h
o
n
```

Python 中 for 循环遍历字符串、元组和列表等对象的方法是类似的，对象中元素的个数决定循环的次数，循环体代码决定循环执行的内容。字典也可以作为 for 循环遍历的对象，且 Python 提供多种方法，可以遍历字典所有 key、所有 value 和所有键-值对。返回的键-值对以元组的形式表示。

【示例 4-7】遍历字典的所有键、所有值和所有键-值对并返回相应的内容。

```
dict={'库存现金':2000,'银行存款':30000}
for i in dict.keys():    # 遍历字典所有键
    print(i)
for i in dict.values():  # 遍历字典所有值
    print(i)
for i in dict.items():   # 遍历字典所有键-值对
    print(i)
```

运行结果：

```
库存现金
银行存款
2000
30000
('库存现金', 2000)
('银行存款', 30000)
```

for 循环通常与 range 函数联合使用，用来控制循环迭代的次数和迭代的特定范围等。

【示例 4-8】创建 1~5（包含 5）的整数列表。

```
num=[]
for i in range(1,6):              # 遍历整数 1~5
    num.append(i)                 # 依次添加元素 i 至 num 列表
print(num)
```

运行结果：

```
[1, 2, 3, 4, 5]
```

【示例 4-9】使用 for 与 range 联合计算 1~100 的整数和。

```
num=0
for i in range(101):             # 遍历 0~100 的整数
    num+=I                       # 将 i 累加起来赋值给变量 num
print(num)                       # 结果为 5050
```

运行结果：

```
5050
```

举一反三

试计算 1~10 的所有奇数和。

```
num=0
for i in range(1,11):
    if i % 2 == 1:               # 循环体内应用分支结构
        num+=i
print(num)
```

运行结果：

```
25
```

（二）列表推导式

利用 for 循环语句块可以生成数字列表，如示例 4-8。另外，Python 还提供快速创建整数列表的结构，称为列表推导式，语法结构如下。

```
[表达式 for 变量 in 可迭代对象]
[表达式 for 变量 in 可迭代对象 if 条件判断]
```

列表推导式不仅能快速生成列表，也能对数据进行运算后生成列表，还可与 if 语句结合，生成符合某些特殊条件的数字列表。

【示例 4-10】利用列表推导式完成示例 4-8 中的任务。

```
num1=[i for i in range(1,6)] # 创建 1~5 的整数列表
print(num1)
```

运行结果：

```
[1, 2, 3, 4, 5]
```

【示例 4-11】运用列表推导式对整数 1~5 求二次方后生成列表以及对整数 1~5 中所有

偶数求二次方后生成列表。

```
num2=[I**2 for i in range(1,6)]                    # 创建 1～5 中所有数的二次方后的列表
print(num2)
```
　　运行结果：
```
[1, 4, 9, 16, 25]
num_even=[i**2 for i in range(1,6) if i%2==0]      # 创建 1～5 中所有偶数的二次方的列表
print(num_even)
```
　　运行结果：
```
[4, 16]
```

二、while 循环语句

　　while 循环语句是一种在满足特定条件时反复执行某段代码的循环结构。只要条件语句为真，循环就会一直执行下去，直到条件语句不再为真为止。其基本语法格式如下。

```
while 条件表达式:
    循环体代码块
```

　　与 for 循环语句的要求一致，while 后的条件表达式可加括号或者不加，但后面的冒号一定不能省略。当条件满足时，执行循环体代码。while 语句常用于循环次数不确定的循环，通过设置计数器、退出标志及其他可以改变条件的语句，保障循环次数符合预期，避免进入无限循环。

　　【示例 4-12】利用 while 语句完成示例 4-9 中的任务（计算 1～100 的整数和）。

```
num=0                # 定义一个用来储存累加结果的变量
i=0                  # 定义初始变量
while i<=100:        # 设定循环条件
    num+=i           # 计算累加结果
    i+=1             # 改变初始变量，以此控制循环次数满足预期
print(num)           # 循环结束，输出循环累加结果
```
　　运行结果：
```
5050
```
　　【示例 4-13】while 语句筛选出 1～10 以内所有偶数，以列表形式返回。

```
num=[]
i=1
while i <=10:
    if i % 2==0:
        num.append(i)
    i += 1
print(num)
```
　　运行结果：
```
[2, 4, 6, 8, 10]
```
　　除了分支语句，else 也可以用于循环语句中。else 与 while 或 for 搭配使用，表示当循环的条件不成立时，Python 应执行的操作。

　　【示例 4-14】展示生成 1～5（包括 5）的整数列表的过程。

```
num=[]
i=1
while i<=5:
    num.append(i)
    print(num)
    i+=1
else:
```

```
    print('任务完成！')
```
运行结果：
```
[1]
[1, 2]
[1, 2, 3]
[1, 2, 3, 4]
[1, 2, 3, 4, 5]
任务完成！
```

举一反三

试用 for 语句完成示例 4-14 的要求。
```
num=[]
for i in range(1,6):
    num.append(i)
    print(num)
else:
    print('任务完成！')
```
运行结果：
```
[1]
[1, 2]
[1, 2, 3]
[1, 2, 3, 4]
[1, 2, 3, 4, 5]
任务完成！
```

三、循环嵌套

Python 允许一个循环体中嵌套另一个循环体，称为循环嵌套。循环嵌套要求第一层循环必须完全包含第二层循环，一般有 for 循环嵌套，while 循环嵌套以及 while 与 for 混合嵌套等形式。

（一）for 循环嵌套

for 循环体中包含另外一个 for 循环语句，称为 for 循环嵌套。for 循环嵌套层数没有限制，内层循环的迭代次数可能会受到外层循环的影响；内层循环可以访问外层循环的索引值。其语法格式如下。
```
for 循环变量1 in 遍历对象1:
    for 循环变量2 in 遍历对象2:
        循环体代码块2
    循环体代码块1
```
【示例 4-15】 使用☀符号绘制直角三角形。
```
for i in range(1,6):
    for j in range(i):
        print("☀",end=' ')
    print()
```
运行结果：
```
☀
☀ ☀
☀ ☀ ☀
☀ ☀ ☀ ☀
☀ ☀ ☀ ☀ ☀
```

✍ 牛刀小试

使用 for 循环嵌套计算两个列表的乘积。

```
# 定义两个列表
list1 = [1, 2, 3]
list2 = [4, 5, 6]
# 使用 for 循环嵌套遍历两个列表并计算乘积
for i in list1:
    for j in list2:
        print(i * j)
```

运行结果为逐行输出以下数字：4,5,6,8,10,12,12,15,18。

在这个例子中，外层 for 循环遍历列表 list1 中的每个元素，内层 for 循环遍历列表 list2 中的每个元素。在每次循环中，我们计算两个列表中对应元素的乘积，并使用 print()函数输出结果。

（二）while 循环嵌套

while 循环嵌套指在 while 循环语句中嵌套 while 循环语句，基本语法格式如下。

```
while 表达式 1:
    while 表达式 2:
        循环体代码块 2
    循环体代码块 1
```

【示例 4-16】生成 1~5 的乘法表。

```
# 设置乘法表的起始值和结束值
start = 1
end = 5
# 外层循环控制行
i = start
while i <= end:
    # 内层循环控制列
    j = start
    while j <= end:
        # 输出每个乘法表达式及其结果
        print(f'{i} * {j} = {i*j}', end='\t')  # 使用\t 进行列对齐
        j += 1
    # 每输出完一行后换行
    print()
    i += 1
```

运行结果：

```
1 * 1 = 1    1 * 2 = 2    1 * 3 = 3    1 * 4 = 4    1 * 5 = 5
2 * 1 = 2    2 * 2 = 4    2 * 3 = 6    2 * 4 = 8    2 * 5 = 10
3 * 1 = 3    3 * 2 = 6    3 * 3 = 9    3 * 4 = 12   3 * 5 = 15
4 * 1 = 4    4 * 2 = 8    4 * 3 = 12   4 * 4 = 16   4 * 5 = 20
5 * 1 = 5    5 * 2 = 10   5 * 3 = 15   5 * 4 = 20   5 * 5 = 25
```

在这个例子中，使用外层循环遍历行数，内层循环遍历列数。对于每一对数字，程序都会计算乘积并以格式化字符串的形式输出，每个结果后面跟一个制表符\t 以保持对齐，每完成一行之后换行。

（三）while 与 for 嵌套

1. 嵌套一

在 while 循环语句中嵌套 for 循环语句，基本语法格式如下。

```
while 表达式:
    for 循环变量 in 遍历对象:
        循环体代码块 2
    循环体代码块 1
```

【示例 4-17】用于输出一个列表中每个元素的二次方。

```
# 定义一个包含整数的列表
my_list = [ 2, 3, 4, 5]
# 使用 while 循环遍历列表中的每个元素
i = 0
while i < len(my_list):
    # 对于列表中的每个元素, 使用 for 循环计算其二次方的结果
    for j in range(2, 3):          # 这里循环 1 次, 计算其二次方
        square = my_list[i]** j    # 计算当前元素的 j 次方
        print(square, end=" ")     # 输出结果, 使用 end=" "使得输出在同一行
    print()                        # 换行, 以便下一个元素的计算结果在新行显示
    i += 1
```

在这个例子中，外层 while 循环遍历列表 my_list 中的每个元素，内层 for 循环计算当前元素的二次方并输出结果。我们可以在内层循环中调整循环次数，以计算不同次方的结果。运行此代码的结果为逐行输出 2～5 的二次方 4、9、16、25 等。

2. 嵌套二

在 for 循环语句中嵌套 while 循环语句，基本语法格式如下。

```
for 循环变量 in 遍历对象:
    while 表达式:
        循环体代码块 2
        循环体代码块 1
```

【示例 4-18】同示例 4-17 用 for-while 嵌套输出列表中各元素的二次方。

```
# 定义一个列表
my_list = [2, 3, 4, 5]
# 外层 for 循环用于遍历列表中的每个元素
for i in my_list:
    # 内层 while 循环用于计算当前元素的二次方并输出结果
    j = 2
    while j < 3:  # 这里可以根据需要调整循环次数
        square = I ** j
        print(square)
        j += 1
```

在这个例子中，外层 for 循环遍历列表 my_list 中的每个元素，内层 while 循环计算当前元素的二次方并输出结果。可以在内层循环中调整循环次数，以计算元素的任意次方。其运行结果同示例 4-17。

【点石成金】

Python 中的 while 循环和 for 循环是两种基本的循环结构。

相同之处是两者都可以让程序重复执行一段代码块，直到满足特定的条件。while 循环通过条件表达式控制循环的继续或终止，而 for 循环虽然通过遍历可迭代对象（如列表、元组、字典、集合或字符串）来控制循环次数，但本质上也是基于条件的，即遍历完可迭

代对象中的元素。另外，while 循环和 for 循环都可以嵌套使用，即在一个循环内部再嵌套另一个循环，两者都可以通过 break 语句提前退出循环，通过 continue 语句跳过当前循环的剩余部分并继续下一次循环。

不同之处在于 while 循环基于一个条件表达式的布尔值来控制循环的开始和结束。如果条件为真（True），则执行循环；如果条件为假（False），则跳过循环，继续执行循环之后的代码。而 for 循环基于遍历一个可迭代对象（如列表、元组等）中的元素来控制循环的次数，逐一访问可迭代对象中的元素，直到遍历完整个可迭代对象。

从使用场景上看，while 循环更适合用于循环次数未知或条件复杂的情况，比如用户输入直到满足某个条件才停止，或者处理未知数量的数据直到达到某个条件；for 循环则更适合用于已知循环次数或需要遍历可迭代对象中每个元素的情况，比如遍历列表中的每个元素并执行某个操作。

从性能上看，for 循环由于迭代次数是确定的（基于可迭代对象的长度），可能比 while 循环更易于预测和优化；while 循环的灵活性更高，但也更容易出现无限循环（如果条件永远为真），因此需要更加小心地使用。

四、程序跳转语句

程序跳转语句依托于循环语句，适用于从循环中提前退出，常与 if 一起搭配使用。跳转语句包括两种：break 语句和 continue 语句。

（一）break 语句

break 语句可以完全中止当前循环，如果是嵌套循环，那么将跳出最内层的循环。break 语句常与 if 选择语句配合使用，主要有以下两种用法。

1. while 循环中的 break

```
while 表达式1:
    执行代码
    if 表达式2:
        break
```

其中的表达式 2 为跳出循环的条件，当满足条件时，从当前循环跳离。

【示例 4-19】查找指定列表中的第一个偶数。

```
numbers = [1, 3, 5, 8, 9, 12] # 定义一个数列
index = 0
while index < len(numbers):
  if numbers[index] % 2 == 0:
    print('找到的第一个偶数是:', numbers[index])
    break
  index += 1
```

运行结果：

```
找到的第一个偶数是: 8
```

使用 while 循环遍历列表，一旦找到第一个偶数（通过 numbers[index] % 2 == 0 判断），就使用 break 语句退出循环，并输出该偶数。如果列表中没有偶数，循环会自然结束，而不会输出任何东西。

2. for 循环中的 break

```
for 循环变量 in 遍历对象:
    执行代码
    if 表达式:
        break
```

其中的表达式为跳出循环的条件，当满足条件时，从当前循环跳离。

【示例 4-20】输出列表中满足指定条件的元素。

```
my_list = [1, 2, 3, 4, 5]      # 定义一个列表
for i in my_list:              # 使用 for 循环遍历列表中的每个元素
    print(i)                   # 输出当前元素
    if i > 2:                  # 如果当前元素大于 2，则跳出循环
        break
```

在这个例子中，for 循环遍历列表 my_list 中的每个元素，并输出元素。当元素大于 2，则使用 if 语句判断并跳出循环。运行此代码的结果为逐行输出 1,2，3。

（二）continue 语句

continue 语句只能中止本轮次的循环，或者说跳过当前轮次循环中剩余的语句，进入下一轮次的循环，如果循环嵌套，那么跳过的也只是最内层循环当前轮次的剩余语句。continue 语句也常与 if 选择语句配合使用，主要有以下两种结构。

1. while 循环中的 continue

```
while 表达式 1:
    执行代码
    if 表达式 2:
        continue
```

其中的表达式 2 为跳过本轮次循环的条件，当满足条件时，中止本轮次的循环，进入下一轮循环。

【示例 4-21】输出 1～7 的奇数。

```
number = 1
while number <= 7:
    if number % 2 == 0:        # 如果是偶数
        number += 1            # 增加 number 的值应该放在 continue 之前
        continue               # 跳过当前循环的剩余部分，直接开始下一次循环
    print(number)              # 只有当 number 是奇数时才会执行到这里并输出
    number += 1                # 无论奇偶，在循环末尾增加 number 的值以准备下一次循环
```

在这个例子中，while 循环遍历数字范围是 1～7。如果当前数字是偶数，则使用 if 语句判断并使用 continue 语句跳过该数字继续下一次循环。否则，输出奇数。最终输出的数有1,3,5,7。

2. for 循环中的 continue

```
for 循环变量 in 遍历对象:
    执行代码
    if 表达式:
        continue
```

其中的表达式为跳过本轮次循环的条件，当满足条件时，中止本轮次的循环。

【示例 4-22】遍历一个列表，输出其中的所有非零元素。

```
# 定义一个包含零和非零数字的列表
numbers = [0, 5, 6, 0, 9, 0, 1]
# 使用 for 循环遍历列表中的每个元素
for num in numbers:
    if num == 0:
        continue              # 如果当前元素是 0，则跳过该元素继续下一次循环
    print(num)                # 执行代码：输出非零元素
```

运行这段代码，依次输出列表中的非零元素。

在这个例子中，for 循环遍历 numbers 列表中的每个元素。当遇到值为 0 的元素时，if 语句的条件成立，continue 语句被执行，导致循环立即跳到下一次循环，跳过当前循环中剩余的代码，即 print(num)语句。如果元素非零，continue 语句不会被执行，循环会继续执行，输出该元素。

【点石成金】

break 语句用于立即退出循环，不再执行循环中剩余的语句。无论是 for 循环还是 while 循环，当遇到 break 时，程序会跳出最内层的循环，继续执行循环之后的代码。一般用于当某个条件满足时，不想继续执行循环中的剩余部分，或者只寻找符合条件的第一个元素时。

continue 语句用于跳过当前循环的剩余语句，并继续下一次循环的迭代。在 for 循环中，意味着它会跳过当前迭代中 continue 之后的代码，直接开始下一次迭代。在 while 循环中，其作用相同，但是要注意 continue 后的条件判断，以确保循环不会变成无限循环。一般应用场景为跳过某些不需要处理的迭代，或在某些条件不满足时，跳过当前迭代中的剩余代码。

总之，break 用于完全退出循环；continue 用于跳过当前循环的剩余部分，直接进入下一次循环。两者都是控制循环流程的关键语句，但使用的场景和目的不同。

五、空语句 pass

pass 是 Python 中的保留字。在语法结构中只起到占位符的作用，使语法结构完整，不报错，一般可用在 if、for、while 及函数与类的定义当中。

在 Python 中，pass 是一个空语句（或称为空操作），不做任何事情，通常用于语法上需要语句，但程序不需要执行任何操作的情况。

以下是一些 pass 语句的应用场景和示例。

（1）占位符：当你定义一个函数、类或循环，但还没有确定具体的实现时，可以使用 pass 作为占位符。

（2）初始化语句：在类定义中，可以使用 pass 作为占位符。

（3）循环：如果你需要在循环中什么都不做，可以使用 pass。

（4）条件语句：在条件语句中，pass 可以用于表示"如果满足某个条件则不执行任何操作"。

（5）异常处理：在 try-except 语句块中，你可以使用 pass 来忽略特定的异常。

（6）结构化代码：在某些情况下，只想保留代码的结构，但还没有决定具体的实现。例

如，你正在开发一个模块，并希望保持其结构完整，即使某些函数或方法尚未完成。这时，可以使用 pass。

（7）延迟执行：在某些情况下，你希望在满足特定条件时才执行某些代码。这时，可以使用 pass 作为一个延迟执行的标志。

牛刀小试

在 if 语句中使用 pass 占位，保持 if-else 结构完整。

```
x = 10
if x > 5:
    print('x is greater than 5.')        # 设置分支结构，如果 x 比 5 大则输出该语句
else:
    pass                                  # 如果 x 不大于 5，什么也不做，pass 保持 else 结构完整性
```

运行结果：

```
x is greater than 5.
```

职场新动态

华为数字化转型

在当今数字化时代，企业要想在竞争中立于不败之地，就必须进行数字化转型，而业财一体化作为数字化转型的重要一环，正受到越来越多的企业重视。

华为作为全球领先的科技公司，在数字化转型方面一直走在前列。早在 2000 年，华为就开始实施 ERP 系统，并逐步构建起业财一体化管理体系。

（一）华为业财一体化的实践

华为业财一体化的实践主要体现在以下几个方面。

1. 财务数据与业务数据的实时集成

华为通过实施 ERP 系统，将财务数据与业务数据进行了实时集成。这样一来，财务人员就可以随时了解业务的最新情况，并做出相应的决策。例如，当销售人员录入一笔销售订单时，财务系统就会自动生成相应的会计凭证。

2. 业财流程的优化

华为对业财流程进行了优化，减少了不必要的环节，提高了效率。例如，华为将采购、付款、入库等流程进行了整合，实现了采购流程的自动化。

3. 数据分析与应用

华为充分利用业财一体化平台产生的数据，进行数据分析与应用。例如，华为通过对销售数据的分析，可以预测未来的销售趋势，并制定相应的生产计划。

4. 建立业财共享服务中心

华为建立了业财共享服务中心，将财务、人力资源、采购等职能部门的业务进行了整合，实现了资源共享和协同作业。

（二）华为业财一体化的成效

华为的业财一体化实践取得了显著成效，主要体现在以下几个方面。

1. 提高了财务管理效率

华为的财务管理效率大幅提高，财务人员的工作量减少了约 30%。以前华为需要 5 天的时间才能完成月度财务报表编制，现在只需要 1 天就可以完成。

2. 降低了运营成本，提高了决策能力

华为的运营成本降低了约 10%。华为通过对采购流程的优化，每年可以节省数亿元的采购成本，从而使决策的准确性也得到了提升。例如，华为可以通过对销售数据的分析，及时调整产品策略，提高市场竞争力。

（三）华为业财一体化的启示与经验

华为的业财一体化实践为其他企业提供了宝贵的经验和启示。业财一体化建设是一项复杂的工程，需要全员参与，持续改进，业财一体化建设不是一蹴而就的，需要企业不断改进和完善。

华为在业财一体化方面的成功经验可以总结为以下几点。

1. 高层领导重视

2. 统筹规划，分步实施

3. 加强人才培养

4. 注重数据治理

展望未来，华为将继续推进业财一体化建设，并将业财一体化与人工智能、大数据等新技术相结合，进一步提升财务管理的效率和水平。华为的业财一体化实践，为其他企业在数字化转型方面提供了宝贵的经验和参考。

综合应用案例 1　个人所得税计算

【任务背景】

计算缴纳个人所得税（以下简称为"个税"）是一项复杂但至关重要的工作，不仅关乎企业的合规经营和财务健康，也直接影响员工的切身利益和社会的和谐稳定。通过规范的税务管理，企业可以确保公平税负、合规经营，同时提升员工的满意度和信任度。

Python 在企业个人所得税计算缴纳过程中，可自动化收集和处理员工收入数据，计算应纳税所得额和税额，确定适用税率，生成税务申报表和支付文件，保证数据及计算过程的准确性和完整性，同时提供数据备份和员工税务咨询服务。以上措施可大大提高税务管理的效率和合规性。

【任务要求】

康乐公司根据最新的《中华人民共和国个人所得税法》代扣代缴职工个人所得税。财务经理张馨然想利用 Python 工具编制个税计算器，用来计算各职工本期应纳税所得额，请帮助其完成相关设计任务。

（1）获取计算累计应纳税所得额的基本数据（累计收入，累计专项扣除，累计专项附加扣除，累计其他扣除）；

（2）定义免征额（每月 5 000 元，全年 60 000 元）；

（3）定义年累计应纳税所得额的计算公式；

（4）先判断是否需要缴税；

（5）再判断适用的预扣税率和速算扣除数；

（6）定义本期累计应纳税额的计算公式；

（7）定义本期应纳税所得额的计算公式；

（8）根据 2024 年 9 月张馨然的工资数据（截止到 9 月末累计收入 145 920 元，累计专项扣除 29 493 元，累计附加专项扣除 13 500 元，累计其他扣除 0 元，累计已缴所得税额为 1 592.10 元），输出其 9 月应预缴的个税额。

注意，个税计算公式如下。

本期累计应纳税所得额=累计收入（扣除累计减除费用且不含累计免税收入）-累计专项扣除-累计专项附加扣除-累计依法确定的其他扣除

本期应纳税所得额=本期累计应纳税所得额×适用税率-上期累计已缴所得税额

视频讲解

个人所得税计算

【实施要点】相关代码

```python
# 获取计算应纳税所得额的基本数据
# 输入总收入额，eval 函数自动识别整型和浮点型
wages = eval(input('请输入您本年的综合收入额（单位：元）: '))
cds = eval(input('请输入您本年工资中累计扣除额之和（累计专项扣除额、累计专项附加扣除额及累计其他扣除额之和，单位：元）: '))    # 输入年累计扣除额之和
aiit= eval(input('请输入您本年累计已缴纳所得税额，单位：元）: '))    # 输入本年累计已缴纳所得税额
mth_n= eval(input('请输入当前计算工资的月份数值）: '))    # 输入计算工资所属月份
exemption = 5000*mth_n    # 定义免征额
t_income = wages -cds-exemption    # 定义累计应纳税所得额
# 先判断是否需要缴税（外层 if 语句）
if t_income > 0:
    print('纳税光荣，您本月获得纳税资格。')
    # 再判断适用税率和速算扣除数
    if t_income <= 36000:
        t_rate = 0.03
        quick_d = 0
    elif 36000 < t_income <= 144000:
        t_rate = 0.1
        quick_d = 2520
    elif 144000 < t_income <= 300000:
        t_rate = 0.2
        quick_d = 16920
    elif 300000 < t_income < 420000:
        t_rate = 0.25
        quick_d = 31920
    elif 420000 < t_income < 660000:
        t_rate = 0.3
        quick_d = 52920
    elif 660000 < t_income < 960000:
        t_rate = 0.35
        quick_d = 85920
    elif 960000 < t_income:
        t_rate = 0.45
        quick_d = 181920
    per_tax = t_income * t_rate - quick_d -aiit    # 定义本期应纳税额的计算方法
    # 最后输出结果
    print(f'您当年累计应纳税所得额为{t_income}元,本期应预缴个税额为：{per_tax:.2f}元。')
else:
print('争取下年获得纳税资格。')
```

【运行结果】

请输入您本年的综合收入额（单位为元）： 145920
请输入您本年工资中累计扣除额之和（累计专项扣除额、累计专项附加扣除额及累计其他扣除额之和，单位为元）：
42993
请输入您本年累计已缴纳所得税额（单位为元）： 1592.1
请输入当前计算工资的月份数值： 9
纳税光荣，您本月获得纳税资格。
您当年累计应纳税所得额为 57927 元，本期应预缴个税额为：1680.60 元。

综合应用案例 2　设备投资决策

【任务背景】

固定资产投资是企业重要的投资项目之一，关乎企业生产扩大和技术提升，同时也是实现可持续发展、提升竞争力和盈利能力的关键因素。通过合理的固定资产投资，提升生产能力、促进技术升级与创新，同时优化成本结构、提升品牌形象，实现资源的优化配置，推动自身和行业的健康发展。

利用 Python 辅助固定资产投资决策，可以完成数据收集与清洗、财务分析，如计算净现值（Net Present Value，NPV）和内部收益率（Internal Rate of Return，IRR），风险评估（如敏感性分析和蒙特卡罗模拟）、投资组合优化、数据可视化和报告生成等工作，帮助企业科学评估投资项目的可行性，优化投资组合，降低投资风险，提高投资回报率。

【任务要求】

ABC 公司为了满足生产需要打算投资购买一批新的生产设备。拟用 Python 工具辅助进行设备投资决策。企业需要评估不同情况下的利润变化，并决定最佳的投资方案。具体要考虑的因素包括：当前的生产成本和销售价格，新设备的成本和预期降低的生产成本，销售量的变化，投资回报期。

（1）定义变量和常量

定义当前每单位的生产成本（c_p_cost）为 1 000 元、定义每单位的销售价格（sales_price）为 2 000 元、定义新设备的一次性成本（n_device_cost）为 5 000 元、定义使用新设备后每单位的生产成本（re_p_cost）为 800 元、定义初始销售量（sales_volume）为 1 000 件、定义投资回报期（in_return_period）为 12 个月。

（2）使用选择结构评估不同情况下的利润

如果新设备的一次性成本小于或等于在投资回报期内因生产成本降低而节省的金额，计算投资新设备后的利润，否则，计算不投资新设备的利润；如果无法根据现有信息确定是否投资，输出相应的提示消息。

（3）使用循环结构模拟未来的销售量变化

使用 for 循环模拟未来 12 个月的销售量变化。

假设销售量每月增加 10%，计算每个月的利润，并区分第一个月使用旧设备的情况和其他月份使用新设备的情况，输出每个月的利润。

（4）使用 break 和 continue 控制循环

使用 while 循环模拟直到达到投资回报期的过程：在每次循环中增加销售量，计算并累计每个月的利润。当累计利润达到或超过新设备成本时，输出达到投资回报期的消息，并使用 break 退出循环。

（5）使用 pass 作为占位符

使用 if 结构并添加 pass 作为占位符，以便在未来扩展逻辑时使用。

通过完成这些任务，企业管理者可以获得有关投资新设备是否划算的决策支持信息。这将有助于他们评估不同情况下企业的盈利能力，并做出更明智的决策。

视频讲解

设备投资决策

【实施要点】相关代码

```
# 定义变量和常量
c_p_cost = 1000                   # 当前每单位的生产成本
sales_price = 2000                # 每单位的销售价格
n_device_cost = 5000              # 新设备的一次性成本
re_p_cost = 800                   # 使用新设备后每单位的生产成本
initial_sales_volume = 1000       # 初始销售量（月/件）
in_return_period = 12             # 投资回报期（月）

# 重置 sales_volume
sales_volume = initial_sales_volume

# 判断是否投资新设备，如果设备投资款小于等于节约成本，则投资新设备，并计算投资后的单月利润
if n_device_cost <= (c_p_cost - re_p_cost) * sales_volume * in_return_period:
    # 如果投资回报期合理，计算投资后的利润
    profit_with_new_device = (sales_price - re_p_cost) * sales_volume
    print('投资新设备后的利润：￥', profit_with_new_device)
else:
    # 如果投资回报期不合理，计算不投资的利润。否则，保持旧设备，计算不投资的单月利润
    profit_without_new_device = (sales_price - c_p_cost) * sales_volume
print('不投资新设备的利润：￥', profit_without_new_device)

# 模拟未来 12 个月的销售量变化
# 重置 sales_volume
sales_volume = initial_sales_volume
for month in range(1, in_return_period + 1):
    # 假设销售量每月增加10%
    sales_volume += sales_volume * 0.1
    if month == 1:
        # 第一个月使用旧设备
        profit = (sales_price - c_p_cost) * sales_volume
    else:
        # 其他月份使用新设备
        profit = (sales_price - re_p_cost) * sales_volume
    print(f'第{month}个月的利润：￥', profit)

# 模拟达到投资回报期的过程
sales_volume = initial_sales_volume
months_passed = 0
total_profit = 0
while True:
```

```
sales_volume += sales_volume * 0.1            # 销售量每月增加10%
if months_passed == 0:
    profit = (sales_price - c_p_cost) * sales_volume
else:
    profit = (sales_price - re_p_cost) * sales_volume
total_profit += profit
print(f'第{months_passed + 1}个月的利润：¥', profit)
months_passed += 1
if total_profit >= n_device_cost:
    print('达到投资回报期！')
    break
```

【运行结果】

```
投资新设备后的利润：¥ 1200000
第1个月的利润：¥ 1100000.0
第2个月的利润：¥ 1452000.0
第3个月的利润：¥ 1597200.0
第4个月的利润：¥ 1756920.0
第5个月的利润：¥ 1932612.0
第6个月的利润：¥ 2125873.1999999997
第7个月的利润：¥ 2338460.52
第8个月的利润：¥ 2572306.5719999997
第9个月的利润：¥ 2829537.2292
第10个月的利润：¥ 3112490.9521199996
第11个月的利润：¥ 3423740.0473319995
第12个月的利润：¥ 3766114.0520651992
第1个月的利润：¥ 1100000.0
达到投资回报期！
```

践悟行知

罗盘与望远镜

在编程的征途中，逻辑思维是罗盘，辩证思维则是望远镜。逻辑思维赋予你精准导航每个代码块的能力，确保功能的严密与高效；而辩证思维，则让你站在更高的视角，审视问题的多面性，预见潜在的挑战与机遇。二者结合，不仅能塑造强大的解决方案，更能引领你在技术的浪潮中，不断创新，勇往直前。培养这两种思维，就如同锻造一把钥匙，去打开通向卓越编程和无限创造的大门。

精进不辍

一、判断题

1. if...else 语句可以处理多个分支条件。　　　　　　　　　（　　）
2. if 语句不支持嵌套使用。　　　　　　　　　　　　　　　（　　）
3. elif 可以单独使用。　　　　　　　　　　　　　　　　　（　　）
4. break 语句用于结束循环。　　　　　　　　　　　　　　（　　）
5. for 循环只能遍历字符串。　　　　　　　　　　　　　　（　　）

6. 程序的组织结构包括顺序结构、选择结构和循环结构。　　　　　　（　　　）

7. if…else…是双分支结构。　　　　　　（　　　）

8. for 循环是 Python 中唯一的循环结构。　　　　　　（　　　）

9. break 语句可以用在 if 结构中。　　　　　　（　　　）

10. continue 语句的作用是退出整个循环。　　　　　　（　　　）

11. pass 语句在 Python 中是一个空操作，可以用作占位符。　　　　　　（　　　）

12. 嵌套循环的层数没有限制，但建议不超过 3 层，以提高代码可读性。　　（　　　）

13. while True：是一个无限循环，需要配合 break 语句来退出。　　　　（　　　）

14. if…elif…else…结构中的 else 部分是必需的。　　　　　　（　　　）

15. for 循环只能遍历列表。　　　　　　（　　　）

二、选择题

1. 在 if 语句中进行判断，产生（　　　）时会输出相应的结果。

 A. 0   B. 1   C. 布尔值   D. 以上均不正确

2. 循环中可以用（　　　）语句来跳出整个循环。

 A. pass B. continue C. break D. 以上均可以

3. 可以使用（　　　）语句跳出当前循环的剩余语句，继续进行下一轮循环。

 A. pass B. continue C. break D. 以上均可以

4. 在 for i in range(6)语句中，i 的取值是（　　　）。

 A. [1,2,3,4,5,6] B. [1,2,3,4,5] C. [0,1,2,3,4] D. [0,1,2,3,4,5]

5. 列表解析式[i+6 for i in range(0,3)]返回的结果是（　　　）。

 A. [1,2,3] B. [0,1,2] C. [6,7,8] D. [7,8,9]

6. 程序的基本组织结构不包括（　　　）。

 A. 顺序结构 B. 递归结构 C. 选择结构 D. 循环结构

7. 下列（　　　）是 if 语句的单分支结构示例。

 A. if x > 0:   B. if x > 0: print(x)

 C. if x > 0: else: D. if x > 0: elif x ＜ 0:

8. 在 Python 中，用于实现多分支选择的结构是（　　　）。

 A. if…else…   B. if…elif…

 C. if…elif…else…   D. if…elif…elif…

9. 在 Python 中，如果你想要重复执行一段代码直到某个条件不再满足，应使用（　　　）。

 A. for 循环   B. while 循环

 C. do…while 循环   D. repeat…until 循环

10. break 语句在循环中的作用是（　　　）。

 A. 跳过当前循环的剩余部分 B. 退出整个循环

 C. 跳过下一次循环   D. 暂停循环

11. continue 语句在循环中的作用是（　　　）。

 A. 退出整个循环

 B. 跳过当前循环的剩余部分，进入下一次循环

    C. 暂停循环

    D. 重复当前循环

12. 下列（   ）不是 pass 语句的用途。

    A. 作为空操作   B. 作为占位符

    C. 使语法结构完整   D. 终止循环

13. 在 Python 中，嵌套循环建议的最大层数是（   ）。

    A. 1   B. 2   C. 3   D. 无限制

14. 下列（   ）不是 for 循环的遍历对象。

    A. 列表   B. 字典   C. 字符串   D. 布尔值

15. while True:是（   ）的示例。

    A. 遍历循环   B. 无限循环   C. 条件循环   D. 递归循环

三、操作题

1. 编写一个程序：输入两套西装的价格，计算并输出两套西装的总金额，保留 2 位小数。（购买两套西装，较便宜的西装半价）

2. 假设你是一家公司的财务，需要根据员工的销售额来计算他们的工资。工资计算规则如下：

（1）如果销售额小于等于 5 000 元，工资为底薪 3 000 元；

（2）如果销售额在 5 001 元到 10 000 元之间（包含 10 000 元），工资为底薪 3 000 元加上销售额的 5%作为提成；

（3）如果销售额超过 10 000 元，工资为底薪 3 000 元加上销售额的 8%作为提成，但提成部分最高不超过 5 000 元。

要求：利用流程控制语句编写一个 Python 程序，以员工的销售额作为输入，假设销售额为 8 500 元，输出该员工的工资。

函数应用与模块化程序设计

学习目标

知识目标

◆ 认识函数，掌握函数定义方法，熟悉函数参数类型
◆ 理解作用域的概念，掌握全局变量和局部变量的特征

技能目标

◆ 能够熟练定义并调用函数
◆ 能够正确运用匿名函数解决实际问题
◆ 能够熟练进行全局变量、局部变量的定义，并实现二者转化

素养目标

◆ 培养数据思维和辩证思维
◆ 勇于探索新的编程思路和技术，培养创新精神

内容框架

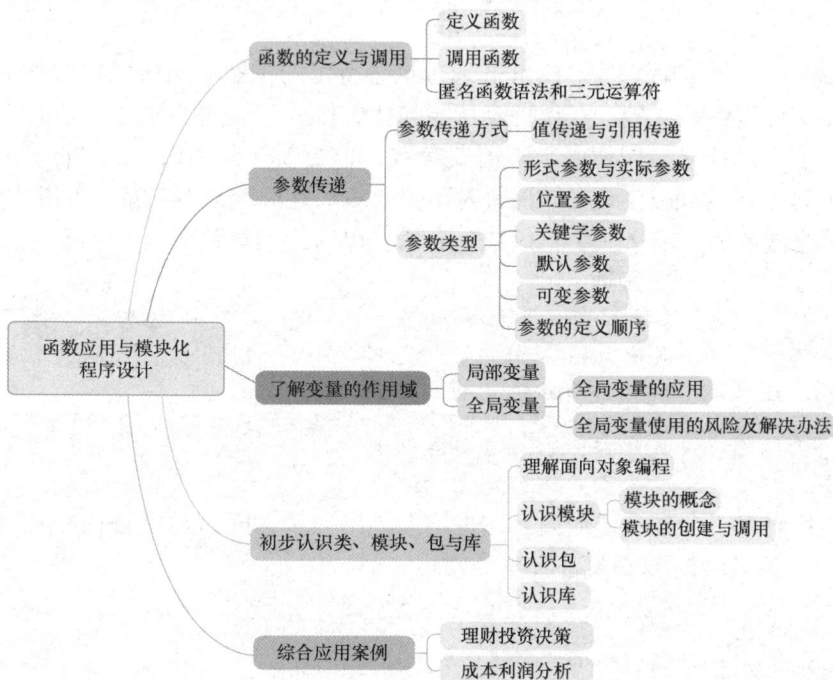

砥志研思

党的二十大报告指出："加快实施创新驱动发展战略。坚持面向世界科技前沿、面向经济主战场、面向国家重大需求、面向人民生命健康，加快实现高水平科技自立自强。"函数在 Python 中是非常重要且高效的工具，可根据不同领域的实际问题辩证地继承、完善他人的先进方法与理念，也可以创造性地用于定义、维护、使用特异性功能，提高工作效率。

【关键词】创新驱动发展战略　辩证思想　创新思维

任务一　函数的定义与调用

函数本质上是一段有特定功能、可以重复使用的代码，能提高应用的模块性和代码的重复利用率。Python 除了提供大量内置函数外，还提供自定义函数的功能。

一、定义函数

定义函数就是用户根据需要自行创建一个函数：设定函数名称，编写程序代码。函数可以实现代码的复用。在后续工作中，如果需要同样的功能，可以直接通过定义的名称调用这段代码，即一次定义和多次调用。定义函数需要用 def 保留字实现，具体的语法格式如下。

```
def 函数名(参数列表):
    实现特定功能的代码块
    [return 返回值列表]
```

其中，def 表示定义，函数名为创建的函数的名称，是一个符合 Python 语法的标识符，函数名最好能够体现出该函数的功能；参数列表，即形式参数列表，用来设置该函数可以接收多少个参数，多个参数之间用逗号分隔。

[return 返回值列表]：是可选参数，用于设置该函数的返回值。如果没有返回值，可以省略。

注意，def 和 return 是保留字，Python 通过这些特定的保留字明白用户的意图；参数后面的冒号必不可少且为英文冒号，实现特定功能的代码块要有相同的缩进。

另外，在定义函数时，即使函数不需要参数，也必须保留一对空的"()"，否则 Python 解释器会提示 invalid syntax 错误。如果暂时不需要编写代码实现其功能，可以使用 pass 语句作为占位符填充函数体，定义一个空函数，表示"以后会编写代码"。

【示例 5-1】定义一个空函数。

```
def func():
    pass # 占位符
```

【示例 5-2】定义矩形面积计算函数（有返回值）。

```
def area(length,width):
    area=length * width # 计算矩形面积函数
    return area
```

运行以上代码，不会显示任何内容，也不会抛出异常，因为函数 area() 还没有被调用。

【示例 5-3】定义问候语（无返回）。

```
def greet(name):
    print(f'Hello, {name}!')
result = greet('Alice') # 输出是"Hello, Alice!"
```

```
print(result)  # 这里输出的是 None
```

运行结果：

```
Hello, Alice!
None
```

在 Python 中，如果没有 return 语句，那么当函数执行完毕后，会默认返回 None。None 是 Python 中的一个特殊常量，用于表示缺失值或者默认状态。本例中，greet 函数的功能是向用户发出问候。由于该函数没有返回值（没有 return 语句），当尝试将函数调用的结果赋给变量 result 时，result 会被自动赋予 None，这是 Python 中无返回值函数调用的默认结果。

二、调用函数

调用函数也就是执行函数。如果把创建的函数理解为一个具有某种用途的工具，那么调用函数就相当于使用工具。

函数调用的基本语法格式如下。

```
函数名([输入参数列表])
```

其中，函数名指的是要调用的函数的名称；输入参数列表指的是当初创建函数时要求传入的各个形参的值序列，称为实际参数列表。如果该函数有返回值，则可以通过一个变量来接收该值，当然也可以不接收，而采用直接调用的方式，根据实际需要编写函数的返回值列表。

注意，要调用的函数必须是已经定义的。创建函数时有多少个形参，调用时就需要多少个值（实参），且顺序必须和创建函数时一致。不带返回值的函数直接调用，带返回值的函数调用之后要将结果保存到变量。

【示例 5-4】调用示例 5-2 的函数，计算输出 length=5、width=2 的长方形的面积。

```
area(5,2)                                # 调用 area 函数，计算长和宽分别为 5 和 2 的长方形面积
print(f'长为 5，宽为 2 的长方形面积为{area(2,5)}')  # 输出结果 10
```

运行结果：

```
长为 5，宽为 2 的长方形面积为 10
```

【示例 5-5】定义整数累加器，计算从 1 累加到 10 的结果

```
def add_up(num):
    s=0
    for i in range(1,num+1):
        s+=i
    print(f'1 加到{num}之和为{s}')
add_up(10)  # 调用 add_up 函数
```

运行结果：

```
1 加到 10 之和为 55
```

三、匿名函数语法和三元运算符

（一）匿名函数语法

对于定义一个简单的函数，Python 还提供另一种方法，即 lambda 表达式，常用来创建内部仅包含一行表达式的匿名函数。用 lambda 定义的函数比用 def 定义的简单很多。如果一个函数的函数体仅有一行表达式，则该函数可以用 lambda 表达式来创建。其语法结构如下。

```
lambda [arg1 [,arg2,...,argn]]:expression
```

其中，定义 lambda 表达式必须使用 lambda 保留字；arg1,arg2,...,argn 作为可选参数，构成定义函数时指定的参数列表；expression 为该表达式对变量执行的操作。

lambda 表达式可接受任意数量的参数，其主体是一个表达式，而非代码块，在 lambda 表达式中仅封装有限的逻辑；lambda 表达式拥有自己的命名空间，且不能访问自有参数列表之外或全局命名空间中的参数。

【示例 5-6】运用 lambda 设计长方形面积计算函数。

```
(lambda h,w: h*w)(5,2)              # 用 lambda 定义匿名函数
print((lambda h,w: h*w)(5,2))       # 将计算结果输出
```

运行结果：

```
10
```

定义好匿名函数后，直接在其后面传入对应的参数即可得到函数的返回值。匿名函数可以省去显式定义函数的过程，使代码更简洁。而且使用 lambda 不需要定义函数名，很好地避免了函数名发生冲突的问题。

（二）三元运算符

三元运算符可构成一种简化的条件表达式，用于在一个语句中根据条件选择不同的值。其语法如下。

```
x if condition else y
```

【示例 5-7】利用分支结构判断是否成年。

```
age=18
if age>=18: # 判断年龄是否大于等于 18 岁
    status='Adult'
else:
    status='Minor'
print(status)
```

运行结果：

```
Adult
```

【示例 5-8】利用三元运算符实现示例 5-7 中的操作。

```
age=18
status='Adult' if age>=18 else 'Minor'
print(status)
```

运行结果：

```
Adult
```

从上例可见，三元运算符可以在一行代码中实现分支结构，大大简化了代码，提高了工作效率。实际应用中还常将三元运算符与匿名函数结合使用，以简洁而灵活地判断条件及创建匿名函数。

【示例 5-9】三元运算符与匿名函数结合完成示例 5-7 中的操作。

```
status=(lambda age:'Adult' if age>=18 else 'Minor')(18)
print(status)
```

运行结果：

```
Adult
```

任务二　参数传递

一、参数传递方式

传递参数时需根据实参的不同类型，选择合适的传参方式。为区别可变数据类型的数据

与不可变数据类型的数据，Python 中定义了两种传参方式：值传递和引用传递。

值传递是通过参数的位置顺序进行参数传递的。函数调用时，将实际参数的值按位置先后顺序依次复制给形式参数，适用于实际参数为不可变数据类型（如字符串、数字、元组等）的数据的情况。

在值传递方式中，实际参数和形式参数各自占有自己的内存空间，参数只能由实际参数向形式参数传递。不论被调用函数对形式参数做何修改，对相应的实际参数都没有影响。本质上只是传递了实际参数值的副本，而不是直接修改实际参数本身。

引用传递是通过内存地址进行参数传递。函数调用时，将实际参数的引用（内存地址）传递给形式参数，适用于实际参数为可变数据类型（如列表、字典等）的数据的情况。

注意，Python 中函数的参数传递方式一般根据参数类型来决定。

在进行值传递时，改变形参的值，实参并不会发生改变。在进行引用传递时，改变形参的值，实参会发生同样的改变。

二、参数类型

（一）形式参数与实际参数

定义函数时，函数名后面括号中的参数就是形式参数，简称形参。调用函数时，函数名后面括号中的参数称为实际参数，简称实参，也就是函数的调用者给函数的参数。形参必须是变量，实际参数可以是常量、变量或者表达式。

形式参数与实际参数是函数定义及应用中两个非常关键的概念。

（二）位置参数

位置参数也称必备参数，这种参数必须按照正确的顺序传递到函数中，即函数在调用时，实际参数的数量和位置必须与定义时形式参数的数量和位置是一样的。

在调用参数时，可以通过"*"将元组的每个元素转换成位置参数，传递给形式参数进行计算。具体应用见本部分"可变参数"。

【示例 5-10】定义函数计算毛利。

```
def func(营业收入,营业成本):
        毛利 = 营业收入 - 营业成本
        return 毛利
func(2000,600)
# 位置参数：按位置先后对应将 2000 赋值给形参"营业收入"，600 赋值给形参"营业成本"
```

运行结果：

```
1400
```

（三）关键字参数

在调用函数的时候，可以在每个参数名称后面赋予一个想要传入的值。这种以名称作为意义对应的参数传入方式被称为关键字参数。关键字参数能够提高代码的可读性和可维护性，较为灵活，便于使用。

关键字参数是指使用形式参数的名字来确定的输入参数。通过该方式指定实际参数时，不再需要与形式参数的位置完全一致。只要将参数名书写正确即可。这样可以避免用户牢记参数位置的麻烦，使得函数的调用和参数传递更加灵活方便。

在函数调用时，可以通过"**"将字典中的每个键-值对都转换为关键字参数，然后传递给形式参数。具体应用见本部分"可变参数"。

【示例 5-11】承接示例 5-10，以关键字参数形式传递参数。

```
func(营业成本=600,营业收入=2000) # 关键字参数：根据形参名称指定取值，与顺序无关
```

运行结果：

```
1400
```

（四）默认参数

在调用函数时，如果不指定某个参数，Python 解释器会抛出异常。为了解决这个问题，Python 允许为参数设置默认值，即在定义函数时，直接给形参指定一个默认值。这样的话，即便调用函数时没有给拥有默认值的形参传递参数，该参数也可以直接使用定义函数时设置的默认值。

Python 定义带有默认值参数的函数，其语法格式如下。

```
def 函数名(..., 形参名, 形参名=默认值):
    代码块
```

注意，使用此格式定义函数时，指定有默认值的形参必须在所有没默认值的参数的最后，否则会产生语法错误。

【示例 5-12】定义"算毛利"函数，设置营业成本为默认参数，取值为 100。

```
def 算毛利(营业收入,营业成本=100):
    毛利 = 营业收入 - 营业成本
    return 毛利
算毛利(2000) # 不传递营业成本的实参时，按默认值计算；若已传参，按实参值计算
```

运行结果：

```
1900
```

（五）可变参数

可变参数指函数能够接受不定数量的参数。可变参数也称不定长参数，即传入函数中的实际参数可以是零个、一个、两个到任意多个。与其他参数不同，可变参数定义时不会被命名。在形参前加一个"*"，调用时多出的位置参数将会被接收形成一个元组，这种可变参数称为可变位置参数；在形参前加两个"*"，调用时多出的关键字参数将会被接收形成字典，这种可变参数称为可变关键字参数。

【示例 5-13】利用可变位置参数，设计函数计算任意多个数字的平均值。

```
def  average(*args):
    return sum(args)/len(args)
ave=average(1,2,3,4)
print(ave)
```

运行结果：

```
2.5
```

【示例 5-14】利用可变关键字参数设计函数计算营业利润。

```
def  profit(营业收入**,其他成本):
    return 营业收入-sum(其他成本.values())
a=profit(营业收入=10000,营业成本=2000,税金及附加=800,管理费用=1500,销售费用=1800,财务费用=600)
print(a)
```

运行结果：

```
3300
```

除了上述参数类型，在 Python 中还有一种称为命名关键字参数的类型。命名关键字参数，又称强制命名参数，用以限制某些参数必须使用参数名传递，以 "*" 作为分隔符，"*" 后面的参数被视为命名关键字参数。如果想在可变位置参数后面增加固定名称的参数，必须使用命名关键字参数，此时不需要添加分隔符。命名关键字参数也可以提供默认值。不再举例进行说明。

【点石成金】

1. 位置参数

特点：按照位置顺序来传递参数值。调用函数时，参数的位置必须与函数定义中的参数位置一一对应。用途：适用于参数数量固定且顺序重要的场景。

2. 关键字参数

特点：通过参数名来指定参数值，调用函数时参数的顺序可以是任意的。用途：可提高代码的可读性和灵活性，尤其是在参数较多或需要明确指定参数值的情况下。注意：关键字参数必须在位置参数之后传递。

3. 默认参数

特点：在定义函数时给参数指定默认值，调用函数时如果没有提供该参数的值，则使用默认值。用途：适用于大多数情况下都有相同值的参数，可减少调用函数时需要传递的参数数量。注意：默认参数值只在定义函数时计算一次，如果在默认参数中使用可变数据类型（如列表、字典等）的数据，可能会产生意外的副作用。

4. 可变参数（*args）

特点：允许将不定数量的位置参数传递给函数，这些参数在函数内部以元组的形式存在。用途：适用于参数数量不确定的场景，可提高函数的灵活性。注意：*args 必须位于位置参数和默认参数之后，但在**kwargs 之前。

5. 关键字可变参数（kwargs）**

特点：允许将不定数量的关键字参数传递给函数，这些参数在函数内部以字典的形式存在。用途：适用于需要处理任意数量关键字参数的场景，可提供很高的灵活性。注意：**kwargs 必须是函数定义中的最后一个参数。

不同数据类型的参数提供不同的灵活性，允许函数处理各种参数传递方式。关键字参数和默认参数可提高代码的可读性，使得函数调用更加清晰。每种参数类型都有其使用限制，如*args 和**kwargs 的位置限制，以及默认参数值的计算时机。

在实际编程中，应根据具体需求选择合适的参数类型。

（六）参数的定义顺序

在 Python 中，函数的定义相当灵活。函数可以返回任何数据类型的值，包括列表和字典等复杂的数据类型。

在 Python 中定义函数可以用位置参数、关键字参数、默认参数和可变参数，这几种参数也可以组合使用，但参数的顺序必须是位置参数、默认参数、可变参数，最后是关键字参数。

任务三　了解变量的作用域

变量的作用域决定了哪一部分程序可以访问哪个特定的变量。所谓作用域（Scope），就是变量的有效范围，即变量可以在哪个范围内使用。例如，有些变量可以在整段代码的任意位置使用，有些变量只能在函数内部使用，有些变量只能在 while 循环内部使用等。由于作用域存在，Python 的变量被分为两种类型，即局部变量和全局变量。

一、局部变量

在函数内部定义的变量，它的作用域仅限于函数内部，超出函数就不能使用，这样的变量称为局部变量（Local Variable）。

执行函数时，Python 会为其分配一块临时的存储空间，所有在函数内部定义的变量都会存储在这块存储空间中。而在函数执行完毕后，这块存储空间随即被释放并回收，该空间中存储的变量自然无法再被使用。

函数的参数也属于局部变量，只能在函数内部使用。在函数外部使用局部变量，系统会出错。

【示例 5-15】局部变量。

```
def calculate_sum(a, b):
    ss= a + b     # ss 是一个局部变量，只在这个函数内部有效
    print('The sum is:', ss)
    print(ss)     # 在函数内部输出有效
calculate_sum(10, 20)
print(ss)         # 在函数外输出 ss 会引发错误，因为它在此作用域外未被定义
```

运行结果：

```
The sum is: 30
30
-------------------------------------------------------------------
NameError                       Traceback (most recent call last)
Cell In[55], line 7
      5     print(ss) # 在函数内部输出有效
      6 calculate_sum(10, 20)
----> 7 print(ss)
NameError: name'ss' is not defined
```

本例中变量 ss 在函数 calculate_sum 中定义，是局部变量，其作用域在函数内。在函数内输出有效（程序第 4 行）；在函数外输出无效（程序最后一行）。

二、全局变量

（一）全局变量的应用

除了在函数内部定义变量外，Python 中应用得最多的是在所有函数的外部定义变量，这样的变量称为全局变量（Global Variable）。

和局部变量不同，全局变量的默认作用域是整个程序，即全局变量既可以在各函数的外部使用，也可以在各函数内部使用。

全局变量有两种定义方式。在函数体外定义的变量一定是全局变量，无论在函数体内还是函数体外都可以调用这类变量。在函数体内定义的变量一般为局部变量。这时候可以通过

global 保留字对局部变量进行修饰，将其变成全局变量。

【示例 5-16】全局变量。

```
# 定义全局变量 n 和 pro
n = 5
pro= 15
def 算乘积():
    n = 10                  # 又定义一个同名的局部变量 n
    return pro*n            # 自动屏蔽外部的作用域，取 n 为 10
print(算乘积())             # 调用函数，返回 150
print(pro)                  # 输出全局变量
print(n)                    # 输出全局变量 n，取值为 5
```

运行结果为输出 150、15 及 5 这 3 个数值。

注意，函数内部的本地变量在函数执行期间才会被创建。函数执行结束，本地变量也会从内存删除。当作用域外的变量与作用域内的变量名称相同时，遵循"本地优先"的原则，此时外部的作用域被屏蔽，称为作用域隔离原则。

【示例 5-17】使用 global 保留字定义全局变量。

```
# 定义全局变量 a, b
a = 3
b=5
def func():
    global b                # 声明 b 为全局变量
    b=10                    # 为 b 赋值
    return a*b
print(func())               # 调用函数，返回 30
print(b)                    # b 为全局变量了，输出 10
```

运行结果为输出 30 和 10 两个值。

在定义函数时使用 global 保留字将 b 由局部变量转换为全局变量，从而实现对全局变量 b 的赋值。这样在函数外调用 b 时，返回赋值后的 b 的值。在函数内部定义全局变量通常使用 global。

（二）全局变量使用的风险及解决办法

1. 存在风险

全局变量是在程序的任何地方都可以访问的变量。虽然它可以方便地在不同函数之间共享数据，但是过度依赖全局变量会带来一系列问题。

在使用全局变量时存在以下的风险。

（1）难以调试。

由于全局变量可以在任何地方被修改，因此定位问题变得非常困难。

（2）代码耦合度高。

当多个函数依赖于同一个全局变量时，修改其中一个函数可能会无意间影响到其他函数。

（3）可维护性差。

随着项目的增长，全局变量的存在使得代码变得难以维护和扩展。

（4）安全性隐患。

全局变量容易被意外修改，特别是在多人协作的项目中，未经控制的全局状态变更可能导致数据不一致。

2. 解决办法

为了减小甚至规避全局变量带来的风险，可以采取以下措施来改进代码结构。

（1）使用局部变量。

尽可能将变量声明为局部变量，即在函数内部使用。这样可以限制变量的作用域，使其仅在需要的地方可见。

（2）传递参数。

将所需的变量作为参数传递给函数，这样可以明确函数依赖的数据，并且可以增强函数的独立性。

（3）返回值。

通过函数返回值来传递数据，而不是使用外部变量存储中间结果。

（4）使用类和对象。

利用面向对象编程中的类和对象来封装数据及其相关的操作。这样可以将数据和行为紧密地结合在一起，降低全局状态的影响。

通过上述方法，可以显著提高代码的质量，以及软件系统的可靠性和安全性。

扩展阅读

局部函数

Python 函数内部不仅可以定义变量，也可以定义函数。在 Python 函数内部定义的函数称为局部函数。和局部变量类似，默认情况下局部函数只能在其所在函数的作用域内使用。如同向全局函数返回其局部变量就可以扩大局部变量的作用域一样，通过将局部函数作为所在函数的返回值也可以扩大局部函数的使用范围。

任务四 初步认识类、模块、包与库

一、理解面向对象编程

面向对象编程（Object Oriented Programming，OOP）是一种编程范式，它将对象作为程序的基本单元，使用类和继承来组织代码。在 OOP 中，对象是数据（属性）和操作这些数据的方法（行为）的封装体。这种编程方式强调通过对象的实例化来模拟现实世界中的实体，以实现对问题的抽象和解耦，从而提高代码的复用性、灵活性和可维护性。面向对象编程的核心概念主要包括以下几个。

类（Class）是描述一群具有相同特征和行为的事物，是一个抽象概念。它包括类名、属性和方法。属性用来描述事物的特征，方法用来描述事物的行为。类作为创建对象的模板，使得我们可以创建多个具有相同特征和行为的对象。

对象（Object/Instance）是类的实例，是面向对象编程的基本单位。对象可以表示现实世界中的实体，也可以表示抽象概念或数据结构。

封装（Encapsulation）是将对象的内部状态（属性）隐藏起来，并通过公共接口（方法）来控制对这些属性的访问和修改。其作用是提高数据安全性，减少模块间的耦合度。

继承（Inheritance）是从现有类派生新类的过程。新类（子类）继承现有类（父类）的属性和方法，并可以添加自己的属性和方法。继承支持多态性，能够增强代码的可扩展性。

多态（Polymorphism）意味着子类可以根据需要覆盖或实现父类的方法，使得不同类的对象可以对同一类消息做出响应，但产生不同的结果。其作用是增强代码的灵活性，使其易于维护和扩展。

关于标识符的命名，Python 中通常遵循如下规则。

当标识符由多个单词组成时，第一个单词的首字母小写，后续单词的首字母大写，例如 myStudentCount、myFirstName。这种命名方式称为小驼峰命名法，常用于变量名、函数名等的命名。所有单词的首字母均大写，例如 FirstName、LastName。这种命名方式称为大驼峰命名法，常用于类名、属性名、命名空间等。

Python 的官方代码风格指南（PEP 8）推荐将下划线命名法用于函数名和变量名，而将大驼峰命名法或首字母大写的小驼峰命名法用于类名。

二、认识模块

（一）模块的概念

在 Python 中，模块（Module）是包含 Python 定义和语句的文件。通过模块，我们可以将程序的不同部分分割到不同的文件中，从而实现代码的复用和组织。模块通常以.py 为扩展名。模块命名应遵循 Python 的命名规范，一般采用小写字母和下划线组合的形式。

（二）模块的创建与调用

创建一个模块非常简单，只需要创建一个包含 Python 代码的文件即可。一旦模块创建完成，并保存为以 ".py" 为扩展名的文件，就可以在其他 Python 脚本或 Jupyter Notebook 中导入并使用它。调用模块的前提是，被调用模块文件和当前的 Python 脚本（或 Notebook 文件）在同一目录下，或者确保被调用模块文件的路径被添加到 Python 的搜索路径中。调用时，首先要通过 import 语句导入模块，再用模块名和句点（.）来访问模块中的函数、类和变量。如果担心名称冲突，导入模块时可以使用别名。具体语法结构如下。

```
import 模块名
import 模块名 as 模块别名
```

【示例 5-18】创建一个名为 my_mod.py 的模块，并保存该模块。

```
# my_mod.py
def say_hello(name):
    print(f'Hello, {name}!')   # 输出问候语
def add_numbers(a, b):
    return a + b               # 返回两个数的和
```

在 Jupyter Notebook 中选择 File → Save and Export Notebook As→Executalb Script，将上述代码保存为 my_mod.py，位置为当前运行的 Jupyter Notebook 所在的工作目录。

【示例 5-19】承接示例 5-18，在 Python 脚本 y_prog.py 中导入并使用 my_mod 模块。

```
# y_prog.py
# 导入自定义模块
import my_mod
# 使用模块中的函数
```

```
my_mod.say_hello('Alice')
result = my_mod.add_numbers(3, 5)
print(f'The sum is: {result}')
```

运行结果：

```
Hello, Alice!
The sum is: 8
```

注意，在调用模块时，要确保调用的模块与当前模块处于同一目录下。同时，导出的 Python 脚本中不包含任何依赖于 Jupyter Notebook 环境的特殊命令或"魔法"命令；如果模块中定义了类或函数，并且想要在其他脚本中使用它们，应确保这些定义在模块的顶层，而不是嵌套在某个单元格或函数内部。

三、认识包

包是包含多个模块的目录，它有一个特殊的文件 __init__.py（可以是空的），用于标识该目录是 Python 包。包可以有子包。

创建包的过程，就是在当前系统工作目录下创建包含任意数量 Python 模块的文件夹的过程。另外需要在该文件夹中放置一个 __init__.py 文件（作为包的标识）。包定义好之后，其中的模块可以随时被调用。调用包中的模块，可以使用点号（.）来指定包的层次结构。具体见示例 5-20、示例 5-21。

【示例 5-20】创建名为 my_package 的包，其中包含 my_mod.py 和 y_prog.py 两个模块。目录结构如下。

```
my_package/
    __init__.py
    my_mod.py
    y_prog.py
```

【示例 5-21】调用名为 my_package 的包中 my_mod 模块下 add_numbers 函数并计算。

```
# 导入包中模块
from my_package import my_mod
# 调用模块中的函数
result = my_mod.add_numbers(3, 5)
print(result)  # 输出结果
```

运行结果：

```
8
```

举一反三

调用名为 my_package 的包中 my_mod 模块（简称 mmd）中 say_hello 函数并输出问候语。

```
# 导入包中模块，简称 mmd
import my_package.my_mod as mmd
# 调用 say_hello 函数
mmd.say_hello('Lily')
```

运行结果：

```
Hello, Lily!
```

四、认识库

在 Python 中，通常库是指包含一系列模块和包的集合，它提供一组特定功能的 API 供开发者使用。库可以是 Python 标准库，也可以是第三方库。

定义库往往是第三方开发者的任务，他们会创建一系列模块和包，并将其打包为一个库，以供其他开发者使用。例如，NumPy、Matplotlib 都是流行的 Python 第三方库。

要使用库，首先需要安装它（第三方库），然后使用 import 语句导入库中的模块或包。安装库的方法是，在命令行界面（如 Terminal、cmd 或 PowerShell）中执行 "pip install numpy" 语句或在 Python 脚本或 Jupyter Notebook 中执行 "!pip install numpy"。

【示例 5-22】在 Jupyter Notebook 中使用 NumPy。

```
!pip install numpy
import numpy as np            # 通过 import 语句导入 NumPy 库，设置别名为 np
arr = np.array([1, 2, 3])     # 利用列表创建一维数组
print(arr)                    # 输出数组 [1 2 3]
```

运行结果：

```
Requirement already satisfied: numpy in d:\anaconda3\lib\site-packages (1.26.4)
[1 2 3]
```

注意，Anaconda 中已经安装了 NumPy，因此在 Jupyter Notebook 中执行 "!pip install numpy" 语句后系统会提示已经安装的 NumPy 版本，故可以略过安装，直接导入使用即可。

本例中 NumPy 的版本是 1.26.4，运行代码，使用提供的函数创建一个一维数组[1 2 3]。

💡【点石成金】

类是面向对象编程的基础，包含数据（属性）和函数（方法），这些数据和函数用于描述对象的状态和行为。类是实现面向对象编程的基础。

模块是包含 Python 代码的文件，用于封装函数、类和变量等。通过 import 语句导入模块，再使用模块中定义的函数、类或变量。

包是模块的集合，提供组织模块的方式，可避免命名冲突。包可以包含模块和子包，使得组织大型项目变得更加容易。

库是一组模块的集合，提供一系列相关的功能或服务，是 Python 编程中重要的资源。

这 4 个概念在 Python 编程中扮演着不同的角色，但它们是相互关联的，共同构成 Python 强大的编程生态。

✎ 职场新动态

利用 Python 进行本量利分析

以下介绍用 Python 来构建本量利分析模型的步骤。

配置 Python 开发环境，在编辑器中编写代码，如下。

```
import pandas as pd
from matplotlib import pyplot as pit
plt.rcParams['font.family']='SimHei'            # 设置中文字体
plt.rcParams['axes.unicode_minus']=False        # 中文字体状态下负号（-）正常显示
pd.options.display.float_format='{:,.2f}'.format # DataFrame 显示为两位小数的设置
```

构建本量利分析模型。

根据本量利的核心公式，构建本量利（Cost Volume Profit，CVP）分析模型，输入 4 个参数，分别为单价、单位变动成本、销售量、固定成本，输出本量利分析的各项指标。我们先对模型中使用到的变量按英文命名。

- 单价：unit_price
- 单位变动成本：unit_variable_costs
- 变动成本：variable_costs
- 固定成本：fixed_costs
- 销售量：volume
- 销售额：sales
- 利润：profit
- 边际贡献：marginal_contribution
- 单位边际贡献：unit_marginal_contribution

```
def CVP(unit_price,unit_variable_costs,volume,fixed_costs):
    sales = unit_price * volume                                      # 销售额
    unit_marginal_contribution = unit_price - unit_variable_costs   # 单位边际贡献
    marginal_contribution = unit_marginal_contribution * volume     # 边际贡献
    variable_costs = unit_variable_costs * volume                   # 变动成本
    profit = (unit_price-unit_variable_costs) * volume - fixed_costs
    return [unit_price, unit_variable_costs, unit_marginal_contribution, volume,
sales, variable_costs, marginal_contribution, fixed_costs, profit]
    # 返回参数有单价，单位变动成本，单位边际贡献，销售量，销售额，变动成本，边际贡献，固定成本，
营业利润
```

接下来初始化某个产品某个月的实际经营数据：

```
unit_price = 120
unit_variable_costs = 65
volume = 3500
fixed_costs = 160000
df=pd.DataFrame(CVP(unit_price,unit_variable_costs,volume,fixed_costs),columns
=['实际数'],index=['单价','单位变动成本','单位边际贡献','销售量','销售额','变动成本','
边际贡献','固定成本','营业利润'])
df
```

	实际数
单价	120
单位变动成本	65
单位边际贡献	55
销售量	3500
销售额	420000
变动成本	227500
边际贡献	192500
固定成本	160000
营业利润	32500

以下述本量利核心公式为基础，衍生出的本量利分析方法通常包括：盈亏平衡分析（保本分析）；安全边际分析；目标利润分析（保利分析）；敏感性分析。

1. 盈亏平衡分析（保本分析）

盈亏平衡分析的原理是，通过计算企业在利润为零时处于盈亏平衡的业务量，分析项目对市场需求变化的适应能力等。

利用基本公式，营业利润=（单价-单位变动成本）×销售量-固定成本=0，可以推出

如下公式。

盈亏平衡点的销售量=固定成本÷（单价-单位变动成本）。

盈亏平衡点的销售额=单价×盈亏平衡点的销售量=固定成本÷（1-变动成本率）=固定成本÷边际贡献率。

其中，变动成本率=变动成本÷销售收入=单位变动成本÷单价，边际贡献率=（单价-单位变动成本）÷单价=1-变动成本率。

继续进行盈亏平衡分析。

```
# 核心公式：盈亏平衡点的销售量=固定成本÷（单价-单位变动成本）
BEP = fixed_costs/(unit_price-unit_variable_costs)
df['盈亏平衡分析'] = CVP(unit_price,unit_variable_costs,BEP,fixed_costs)
df
```

	实际数	盈亏平衡分析
单价	120	120.00
单位变动成本	65	65.00
单位边际贡献	55	55.00
销售量	3500	2,909.09
销售额	420000	349,090.91
变动成本	227500	189,090.91
边际贡献	192500	160,000.00
固定成本	160000	160,000.00
营业利润	32500	0.00

2. 安全边际分析

安全边际分析是指分析正常销售额超过盈亏平衡点销售额的差额，衡量企业在保本的前提下，能够承受因销售额下降带来的不利影响的程度和企业抵御营运风险的能力。

公式如下：安全边际=实际销售量或预期销售量-盈亏平衡点的销售量，安全边际率=安全边际÷实际销售量或预期销售量。

安全边际或安全边际率的数值越大，企业发生亏损的可能性越小，抵御营运风险的能力越强，盈利能力越强。

继续案例，安全边际分析。

```
# 核心公式：安全边际=实际销售量或预期销售量-盈亏平衡点的销售量
df['安全边际分析'] = df['实际数']-df['盈亏平衡分析']
df
```

	实际数	盈亏平衡分析	安全边际分析
单价	120	120.00	0.00
单位变动成本	65	65.00	0.00
单位边际贡献	55	55.00	0.00
销售量	3500	2,909.09	590.91
销售额	420000	349,090.91	70,909.09
变动成本	227500	189,090.91	38,409.09
边际贡献	192500	160,000.00	32,500.00
固定成本	160000	160,000.00	0.00
营业利润	32500	0.00	32,500.00

3. 目标利润分析（保利分析）

目标利润分析是在本量利分析方法的基础上，计算为达到目标利润所需达到的业务量、收入和成本的一种利润规划方法，该方法应反映市场的变化趋势、企业战略规划目标以及管理层需求等。

利用基本公式，目标利润=（单价-单位变动成本）×业务量-固定成本，可以推出如下公式。

实现目标利润的业务量=（目标利润＋固定成本）÷（单价-单位变动成本）；

实现目标利润的销售额=单价×实现目标利润的业务量。

继续进行目标利润分析。

```
# 核心公式：实现目标利润的业务量=（目标利润+固定成本）÷（单价-单位变动成本）
# 假设目标利润是：60000
TOP=(60000+fixed_costs)/(unit_price-unit_variable_costs)
df['目标利润分析']=CVP(unit_price,unit_variable_costs,TOP,fixed_costs)
df
```

	实际数	盈亏平衡分析	安全边际分析	目标利润分析
单价	120	120.00	0.00	120.00
单位变动成本	65	65.00	0.00	65.00
单位边际贡献	55	55.00	0.00	55.00
销售量	3500	2,909.09	590.91	4,000.00
销售额	420000	349,090.91	70,909.09	480,000.00
变动成本	227500	189,090.91	38,409.09	260,000.00
边际贡献	192500	160,000.00	32,500.00	220,000.00
固定成本	160000	160,000.00	0.00	160,000.00
营业利润	32500	0.00	32,500.00	60,000.00

4. 敏感性分析

敏感性分析是指对影响目标实现的因素变化进行量化分析，以确定各因素变化对实现目标的影响及其敏感程度。

敏感程度的衡量指标是敏感系数，其计算公式为：敏感系数=目标值变动百分比÷因素值变动百分比。

企业应根据敏感系数绝对值的大小对其进行排序，按照有关因素的敏感程度优化规划和决策。

敏感性分析运用到本量利上，可以根据营业利润=（单价-单位变动成本）×销售量-固定成本，计算单价、单位变动成本、销售量和固定成本分别对利润的影响程度。

继续进行敏感性分析。

```
# 敏感性分析（Sensitivity Analysis）
# 核心公式：敏感系数=目标值变动百分比÷因素值变动百分比
# 营业利润=（单价-单位变动成本）×销售量-固定成本
# 构建一个函数，输入因素值的变动百分比，输出目标值变动百分比
def Sens(ratio_p,ratio_vc,ratio_vol,ratio_fc):
    unit_price2 = unit_price*(1+ratio_p/100)
```

```
    unit_variable_costs2 = unit_variable_costs*(1+ratio_vc/100)
    volume2 = volume*(1+ratio_vol/100)
    fixed_costs2 = fixed_costs*(1+ratio_fc/100)
    profit = (unit_price-unit_variable_costs)*volume-fixed_costs
    profit2 = (unit_price2-unit_variable_costs2)*volume2-fixed_costs2
    return profit2/profit-1
```

构建一个从−100 到 100 的变动百分比序列。

```
df_sens=pd.DataFrame(range(-100,110,10),colunmns=['变动百分比'])
df_sens
```

	变动百分比
0	-100
1	-90
2	-80
......	
16	60
17	70
18	80
19	90
20	100

计算单价变化时对利润的影响（利润变动百分比），也就是单价从−100 到 100 变化，其他 3 个因素不变时的代码如下。

```
df_sens['利润-单价']=df_sens['变动百分比'].map(lambda x:Sens(x,0,0,0))
df_sens
```

	变动百分比	利润-单价
0	-100	-12.92
1	-90	-11.63
2	-80	-10.34
3	-70	-9.05
4	-60	-7.75
......		
16	60	7.75
17	70	9.05
18	80	10.34
19	90	11.63
20	100	12.92

复刻剩余因素的代码如下。

```
df_sens['利润-变动成本']=df_sens['变动百分比'].map(lambda x:Sens(0,x,0,0))
df_sens['利润-销量']=df_sens['变动百分比'].map(lambda x:Sens(0,x,0,0))
df_sens['利润-固定成本']=df_sens['变动百分比'].map(lambda x:Sens(0,x,0,0))
df_sens
```

	变动百分比	利润-单价	利润-变动成本	利润-销量	利润-固定成本
0	-100	-12.92	7.00	-5.92	4.92
1	-90	-11.63	6.30	-5.33	4.43
2	-80	-10.34	5.60	-4.74	3.94
3	-70	-9.05	4.90	-4.15	3.45
4	-60	-7.75	4.20	-3.55	2.95
5	-50	-6.46	3.50	-2.96	2.46
6	-40	-5.17	2.80	-2.37	1.97
7	-30	-3.88	2.10	-1.78	1.48
8	-20	-2.58	1.40	-1.18	0.98
9	-10	-1.29	0.70	-0.59	0.49
10	0	0.00	0.00	0.00	0.00
11	10	1.29	-0.70	0.59	-0.49
12	20	2.58	-1.40	1.18	-0.98
13	30	3.88	-2.10	1.78	-1.48
14	40	5.17	-2.80	2.37	-1.97
15	50	6.46	-3.50	2.96	-2.46
16	60	7.75	-4.20	3.55	-2.95
17	70	9.05	-4.90	4.15	-3.45
18	80	10.34	-5.60	4.74	-3.94
19	90	11.63	-6.30	5.33	-4.43
20	100	12.92	-7.00	5.92	-4.92

作图以更清晰地显示因素的敏感性。

图示中斜率即体现了目标变动百分比与因素变动百分比的敏感系数，斜率越大，越敏感。

```
df_sens.plot=(x='变动百分比',y=['利润-单价','利润-变动成本','利润-销量','利润-固定成本'])
```

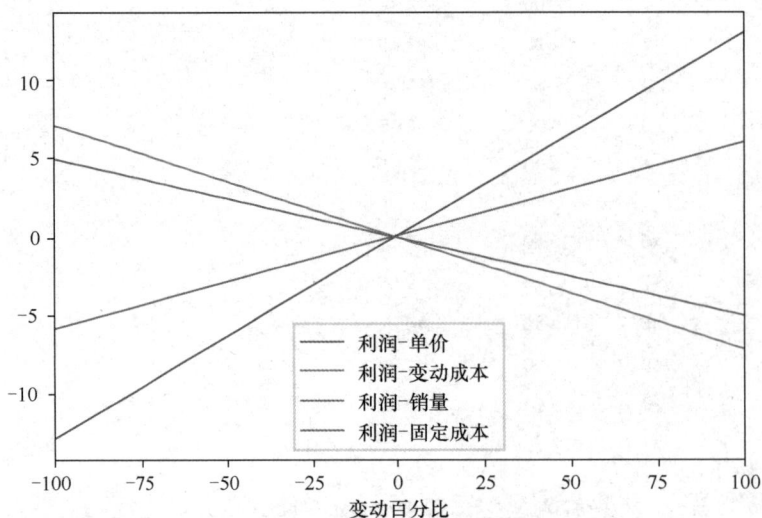

图 5-1　4 个因素的敏感性

扫码查看

彩色图形

从图 5-1 4 个因素的敏感性可以看出，单价对目标的影响最大，其次是销量、变动成本、固定成本。另外，单价和销量是正向影响，变动成本和固定成本是反向影响。

如果想要计算敏感系数的具体金额，在编辑器中输入以下代码即可。

```
df_sens.apply(lambda x:x/df_sens['变动百分比'],axis=0)
```

	变动百分比	利润-单价	利润-变动成本	利润-销量	利润-固定成本
0	1.00	0.13	-0.07	0.06	-0.05
1	1.00	0.13	-0.07	0.06	-0.05
2	1.00	0.13	-0.07	0.06	-0.05
3	1.00	0.13	-0.07	0.06	-0.05
4	1.00	0.13	-0.07	0.06	-0.05
5	1.00	0.13	-0.07	0.06	-0.05
6	1.00	0.13	-0.07	0.06	-0.05
7	1.00	0.13	-0.07	0.06	-0.05
8	1.00	0.13	-0.07	0.06	-0.05
9	1.00	0.13	-0.07	0.06	-0.05

综合应用案例1 理财投资决策

【任务背景】

理财投资决策是一个综合性的过程，涉及目标设定、风险评估、资产配置、市场研究、投资策略、税务规划、风险管理、绩效评估、法律合规和心理因素等多个方面。通过科学、系统的决策方法，投资者可以更好地实现财富的保值和增长。Python 在理财投资决策中可以提供强大的功能，包括数据收集与清洗、财务分析、市场研究（如宏观经济分析）、风险评估、资产配置优化等。

【任务要求】

康乐公司为了提高决策效率和确保质量，将 Python 运用于投资决策过程。

（1）康乐公司拟将部分闲置资金投资于银行理财产品，以期三年投资期末获得资金 500 万。现有两种方案可供选择。方案一，三年投资期中可随时取出，按单利计息，年收益率为 10%；方案二，三年投资期中不可取出，按复利计息，年收益率为 9%。请设计函数计算两种方案下的资金投入量。

（2）由于企业用于将来投资的金额时常有变化，且决定投资的时间及银行的利率都存在不确定因素。基于问题 1，编写一个理财决策程序，用于计算评估在任意收益率、任意理财投资时间和任意期望收益额的条件下，哪种理财方案的投入较低。若拟获得投资收益额 1 000 万元，第一种方案年收益率为 10%，第二种方案投资年收益率为 9%，投资期限为 5 年，通过程序做决策。

视频讲解

理财投资决策

【实施要点】

（1）参考代码如下。

```
# 定义变量意义
# r - 投资收益率
# n - 投资期数
# fv - 到期获得的理财收益额
```

```
# 定义第一种理财方式的理财投入额函数
def danli_pv(fv, r, n):
    pv = fv / (1 + r * n)
    return round(pv, 2)

# 计算第一种理财方式的投资额
danli_invest = danli_pv(500, 0.10, 3)
print(f'选择第一种理财方式，现在需要投资{danli_invest}万元。')

# 定义第二种理财方式的理财投入额函数
def fuli_pv(fv, r, n):
    pv = fv / ((1 + r) ** n)
    return round(pv, 2)

# 计算第二种理财方式的投资额
fuli_invest = fuli_pv(500, 0.09, 3)
print(f'选择第二种理财方式，现在需要投资{fuli_invest}万元。')
```

（2）参考代码如下。

```
# 创建接收参数的函数
def pick_over():
    global fv, r1, r2, n  # 全局变量，global 保留字
    fv = eval(input('请输入到期希望获得的理财收益额为（单位：万元）:'))  # 人机交互传参
    r1 = eval(input('请输入第一种方案的年收益率为（小数）:'))
    r2 = eval(input('请输入第二种理财方案的年收益率为（小数）:'))
    n = eval(input('请输入投资年限为:'))
# 调用函数
pick_over()
# 调用单利现值、复利现值的理财投入额函数
d_pv = danli_pv(fv, r1, n)
f_pv = fuli_pv(fv, r2, n)
# 设置择优条件
pick = '第一种理财方案优' if d_pv < f_pv else '两种方案一样' if d_pv == f_pv else '第二种理财方案优'
# 输出结果
print(f'''
选择第一种理财方案，现在需要投入{d_pv}万元，
选择第二种理财方案，现在需要投入{f_pv}万元。
{pick}''')
```

【运行结果】

（1）运行结果如下。

```
选择第一种理财方式，现在需要投资 384.62 万元。
选择第二种理财方式，现在需要投资 386.09 万元。
```

（2）运行结果如下。

```
请输入到期希望获得的理财收益额为（单位：万元）: 1000
请输入第一种方案的年收益率为（小数）: 0.1
请输入第二种理财方案的年收益率为（小数）: 0.09
请输入投资年限为: 5

选择第一种理财方案，现在需要投入 666.67 万元，
```

选择第二种理财方案，现在需要投入 649.93 万元。

第二种理财方案优

综合应用案例 2　成本利润分析

【任务背景】

成本利润分析是企业财务管理中的一个重要环节，旨在通过分析成本和利润的关系，优化资源配置，提高盈利能力。

成本利润分析通常包括对固定成本、变动成本及收入的详细分析，计算毛利润、营业利润和净利润，通过成本结构分析、盈亏平衡分析、敏感性分析和成本效益分析等，评估项目的可行性，通过预算与实际情况对比及绩效评估，保证企业运营的高效和可持续发展。Python 通过自动化处理和高级分析方法，能快速完成上述成本利润分析工作，大范围提高工作效率。

【任务要求】

ABC 公司要计算其不同成本和销售策略下的净利润，并决定最佳的定价策略。具体要考虑的因素包括：商品的成本，销售价格，销售量，固定成本（如租金和工资）。每件商品的成本为 100 元，固定成本为 5 000 元，初始销售量为 100 件，请完成如下操作。

（1）定义每件商品的成本、固定成本以及初始销售量等变量，同时定义函数用来计算净利润，返回当价格为 1 000 元时的净利润。

（2）定义函数用来评估不同销售价格水平下的净利润，销售价格分别为 1 050、1 500、2 000 元，返回对应的净利润。

（3）使用匿名函数找到最佳销售价格。当销售价格分别为 1 050、1 500、2 000 元时，返回最佳销售价格及对应的净利润。

视频讲解

成本利润分析

【实施要点】

（1）参考代码如下。

```
cost_per_item = 100          # 每件商品的成本
fixed_costs = 5000           # 固定成本
sales_volume = 100           # 初始销售量
def calculate_net_profit(sales_price, cost_per_item, sales_volume, fixed_costs):
    """
    计算净利润。
    参数:
    sales_price——每件商品的销售价格
    cost_per_item——每件商品的成本
    sales_volume——销售量
    fixed_costs——固定成本
    返回:
    净利润
    """
    variable_costs = cost_per_item * sales_volume
    total_revenue = sales_price * sales_volume
    net_profit = total_revenue - variable_costs - fixed_costs
    return net_profit
calculate_net_profit(1000,cost_per_item, sales_volume, fixed_costs)
```

（2）参考代码如下。

```
def evaluate_sales_prices(sales_prices, cost_per_item, sales_volume, fixed_costs):
    """
    评估不同销售价格下的净利润。
    参数：
    sales_prices——销售价格列表
    cost_per_item——每件商品的成本
    sales_volume——销售量
    fixed_costs——固定成本

    返回：
    包含不同销售价格下的净利润的字典
    """
    results = {}
    for price in sales_prices:
        net_profit=calculate_net_profit(price, cost_per_item, sales_volume, fixed_costs)
        results[price] = net_profit
    return results
sales_prices = [1050, 1500, 2000]      # 假设有 3 个不同的销售价格
cost_per_item = 100                    # 每件商品的成本
sales_volume = 100                     # 销售量
fixed_costs = 5000                     # 固定成本

# 调用函数并输出结果
results = evaluate_sales_prices(sales_prices, cost_per_item, sales_volume, fixed_costs)
print(results)
```

（3）参考代码如下。

```
def find_best_sales_price(sales_prices, cost_per_item, sales_volume, fixed_costs):
    """
    使用匿名函数找到最佳销售价格。
    参数：
    sales_prices——销售价格列表
    cost_per_item——每件商品的成本
    sales_volume——销售量
    fixed_costs——固定成本

    返回：
    最佳销售价格和对应的净利润
    """
    net_profits = {price: calculate_net_profit(price, cost_per_item, sales_volume,
fixed_costs) for price in sales_prices}
    best_price = max(net_profits, key=lambda price: net_profits[price])
    return best_price, net_profits[best_price]
sales_prices = [1050, 1500, 2000]      # 假设有 3 个不同的销售价格
cost_per_item = 100                    # 每件商品的成本
sales_volume = 100                     # 销售量
fixed_costs = 5000                     # 固定成本
```

```
# 调用函数并输出结果
results = find_best_sales_price(sales_prices, cost_per_item, sales_volume, fixed_costs)
print(results)
```

【运行结果】

（1）运行结果如下。

```
85000
```

（2）运行结果如下。

```
{1050: 90000, 1500: 135000, 2000: 185000}
```

（3）运行结果如下。

```
(2000, 185000)
```

践悟行知

创新精神，点亮未来

创新是人类进步的引擎，是人类不断超越自我、开创新世界的力量源泉。拥有创造性和创新精神，就拥有开启无限可能的钥匙。

保持好奇心，释放创造力。勇于质疑，学会观察、思考和联想，不断尝试、持续改进、永不服输，用创新的思维和行动，书写属于自己的辉煌篇章。

精进不辍

一、判断题

1. 在 Python 中，函数的参数不能有默认值。　　　　　　　　　　　　（　　　）
2. 在 Python 中，函数的返回值只能是单个值，不能返回多个值。　　　（　　　）
3. 在 Python 中，函数的参数可以是任意数据类型。　　　　　　　　　（　　　）
4. 在 Python 中，局部变量的作用域只限于函数内部。　　　　　　　　（　　　）
5. 在 Python 中，全局变量可以在函数内部被重新赋值。　　　　　　　（　　　）
6. 函数定义时必须包含返回值语句。　　　　　　　　　　　　　　　　（　　　）
7. 位置参数和关键字参数不能同时在函数调用时使用。　　　　　　　　（　　　）
8. 全局变量在函数内部可以被直接修改。　　　　　　　　　　　　　　（　　　）
9. lambda 函数只能有一个参数。　　　　　　　　　　　　　　　　　　（　　　）
10. 在 Python 中，函数的默认参数值在函数定义时计算一次。　　　　　（　　　）
11. 函数定义时，参数的数量和数据类型必须严格匹配函数调用时的参数。（　　　）
12. 局部变量在函数外部不可见。　　　　　　　　　　　　　　　　　　（　　　）
13. 如果函数没有返回值，则默认返回 None。　　　　　　　　　　　　（　　　）
14. 使用 global 保留字可以在函数内部修改全局变量的值。　　　　　　（　　　）
15. *args 和**kwargs 可以同时在定义函数时使用，以接收任意数量和类型的位置参数和关键字参数。　　　　　　　　　　　　　　　　　　　　　　　　　　　（　　　）

二、选择题

1. 定义函数时，函数体的正确缩进为（　　　　）。

　　A. 1 个空格　　　　　B. 2 个制表符　　　　　C. 4 个空格　　　　　D. 4 个制表符

2. 可变参数*args 传入函数时的存储方式为（　　　）。

    A. 元组　　　　　　B. 列表　　　　　　C. 字典　　　　　　D. 数据框

3. 关键字可变参数**kwargs 传入函数时的存储方式为（　　　）。

    A. 元组　　　　　　B. 字典　　　　　　C. 列表　　　　　　D. 数据框

4. 以下对自定义函数 def interest(money,day=1,interest_rate=0.05)调用错误的是（　　　）。

    A. interest(5500)

    B. interest(5500,3,0.1)

    C. interest(day=2,5500,0.05)

    D. interest(5500,interest_rate=0.1,day=7)

5. 以下关于 lambda 表达式的描述错误的是（　　　）。

    A. lambda 表达式不允许多行　　　　　　B. lambda 表达式创建函数不需要命名

    C. lambda 表达式解释性良好　　　　　　D. lambda 表达式可视为对象

6. 函数的基本定义是（　　　）。

    A. 将一段代码放在花括号中

    B. 将实现特定功能的代码块封装并赋予名称

    C. 简单的变量赋值

    D. 无须封装的代码片段

7. 在 Python 中，以下（　　　）不是函数定义时的参数类型。

    A. 位置参数　　　　B. 默认值参数　　　C. 可变参数　　　　D. 静态参数

8. 函数调用时传递的参数称为（　　　）。

    A. 局部变量　　　　B. 全局变量　　　　C. 实际参数　　　　D. 形式参数

9. 使用 lambda 可以定义（　　　）的函数。

    A. 带有多个语句的函数体　　　　　　B. 带有返回值的复杂函数

    C. 简单的、单行的匿名函数　　　　　D. 递归函数

10. 以下（　　　）参数类型允许在函数调用时不提供值。

    A. 位置参数　　　　B. 默认值参数　　　C. 可变参数　　　　D. 关键字参数

11. 为了调用一个名为 greet 的函数，并传递一个名为 name 的参数，下列选项正确的是（　　　）。

    A. greet(name="John")　　　　　　B. greet(John)

    C. greet name="John"　　　　　　　D. greet("John")

12. （　　　）允许传递任意数量的参数给函数。

    A. 位置参数　　　　　　　　　　　　B. 默认值参数

    C. 可变参数（如*args）　　　　　　D. 关键字参数（如**kwargs）

13. 以下（　　　）不是变量作用域的分类。

    A. 局部变量　　　　　　　　　　　　B. 全局变量

    C. 静态变量　　　　　　　　　　　　D. 嵌套变量（嵌套作用域中的变量）

14. 在函数内部定义的变量默认是（　　　）。

    A. 全局作用域　　　B. 局部作用域　　　C. 类作用域　　　　D. 静态作用域

15. 定义一个接受任意数量关键字参数的函数，下列选项正确的是（　　）。

A. def func(*args):　　　　　　　　B. def func(**kwargs):

C. def func(varargs):　　　　　　　D. def func(arg1,arg2,...):

三、操作题

1. 设计一个密码登录系统，要求当用户正确输入用户名"admin"和密码"Ha&He2024"时，显示"登录成功!"否则返回"用户名或密码错误，请重新输入。"

2. 假设你是一家公司的财务，需要根据员工的销售额来计算他们的工资。工资计算规则如下：

（1）如果销售额小于等于 5 000 元，工资为底薪 3 000 元；

（2）如果销售额在 5 001 元到 10 000 元之间（包含 10 000 元），工资为底薪 3 000 元加上销售额的 5%作为提成；

（3）如果销售额超过 10 000 元，工资为底薪 3 000 元加上销售额的 8%作为提成，但提成部分最高不超过 5 000 元。

要求：定义一个函数，用来计算工资金额，同时将员工的销售额作为输入，假设销售额为 12 000 元，输出该员工的工资。

项目六

Pandas 数据处理与 Matplotlib 可视化

学习目标

知识目标

◆ 理解 Pandas 中 Series 和 DataFrame 两种核心数据结构，掌握数据创建、索引等基本方法，掌握数据筛选和清洗方法

◆ 熟悉从 Excel 中读取和写入数据的方法，掌握 Matplotlib 绘图基础和配置项的设置方法

◆ 理解 Pandas 模块下数据合并的原理及各种合并方式下的操作方法

◆ 掌握数据分组、汇总、统计等数据处理方法

技能目标

◆ 能够利用 Pandas 从 Excel 中读入、导出、查看数据及进行缺失值处理、重复数据去除等操作

◆ 能够根据分析需要对数据表进行横向合并与纵向合并，能够对数据表进行基本的四则运算，汇总求和，计算最值、平均数、标准差等统计指标

◆ 能够利用 Matplotlib 快速设计输出符合数据特征及分析需要的定制图表

素养目标

◆ 提升数据处理和呈现的能力，通过数据处理和图表工具清晰、准确地传达数据信息

◆ 培养良好的数据可视化审美，能够对比选择恰当的图表类型，制作精美、专业的图表

内容框架

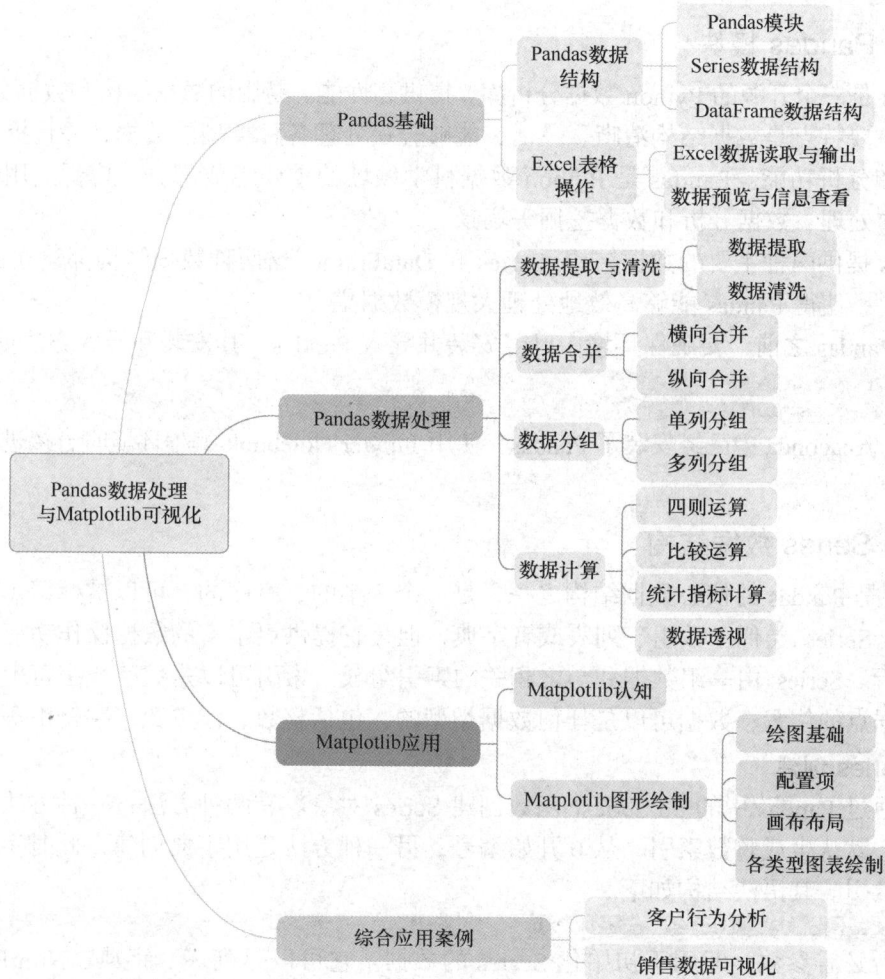

砥志研思

　　数据作为一种核心生产要素，与其他传统生产要素相结合，与高新技术深度融合，形成具有高度智能化、自动化和网络化特征的新型生产力形态。数据可视化不仅是一种展示技术，更催生了提升数据理解和应用效率的关键工具，这些工具直接参与数据到信息、知识再到决策的转化过程，为数据新质生产力的实现提供直观、高效、互动的界面，是现代企业和组织不可或缺的生产力增强器。

　　【关键词】数据可视化　数据新质生产力　数据要素价值

任务一　Pandas 基础

一、Pandas 数据结构

（一）Pandas 模块

Pandas 是一个开源的 Python 数据分析库，提供高性能、易用的数据结构和数据分析工具。Pandas 的主要特点是数据结构清晰、灵活，能够轻松处理各种类型的数据，并且提供丰富的数据操作和分析功能。Pandas 是 Python 数据科学领域的重要组成部分，广泛应用于数据清洗、数据预处理、数据分析和数据挖掘等场景。

Pandas 提供两种主要的数据结构：Series 和 DataFrame。这两种数据结构都建立在 NumPy 的基础之上，使得 Pandas 能够高效地处理大规模数据集。

使用 Pandas 之前，要确保环境中已经安装并导入 Pandas。其安装和导入方法如下。

```
pip install pandas
import pandas as pd
```

注意，Anaconda 中已经安装了 Pandas，使用 Jupyter Notebook 编程环境时直接进行 Pandas 导入即可。

（二）Series 数据结构

Series 是 Pandas 的核心数据结构之一，是一个一维的、有序的、可以被标记（索引）的数据结构。Series 类似于数组、列表或者字典，但是它提供更丰富的数据操作功能，尤其适合数据分析。Series 由一组数据和与之相关的索引组成。索引可以是数字或字符串，用于标识每个数据点的位置；数据可以是任何数据类型的，包括整数、浮点数、字符串等。

1. Series 创建

可以通过 Pandas 中的 pd.Series()函数创建 Series 对象。有两种方法：一种方法是直接用列表创建，默认生成整数索引，从 0 开始编号；另一种方法是用字典创建，此时字典的键会自动成为索引。其语法结构如下。

```
s = pd.Series(data, index=index)
```

data 为必需参数，即用于初始化 Series 的数据。它可以是列表、字典、NumPy 数组等类型。数据中的所有元素应该能被强制转换成相同的数据类型。index 为可选参数，用于自定义 Series 的索引，默认为空，系统会自动创建一个从 0 开始的整数序列作为索引。索引可以是任何不可变类型的数据（如整数、字符串、日期时间对象等），且长度应与 data 相匹配。

【示例 6-1】创建 Series。

```
import pandas as pd
s1 = pd.Series(['库存现金','银行存款','应收账款'])   # 利用列表创建一个 Series 对象
print(s1)
# 创建一个带有自定义索引的 Series 对象
s2 = pd.Series(['库存现金','银行存款',666,'应收账款'], index=[1,2,3,4])
print(s2)
# 创建一个带有自定义索引的 Series 对象
s3 = pd.Series({'库存现金':500,'银行存款':20000,'应收账款':10000})
print(s3)
```

运行结果：

```
0     库存现金
1     银行存款
2     应收账款
dtype: object
1     库存现金
2     银行存款
3     666
4     应收账款
dtype: object
库存现金        500
银行存款      20000
应收账款      10000
dtype: int64
```

2. Series 索引与值

Series 提供丰富的属性和方法，可以对数据进行切片、过滤、计算等操作。获取一组数据的索引是较为常见的操作，可以利用 index 和 values 方法分别获取索引和值。

【示例 6-2】获取一维数组的索引和值。

```
import pandas as pd
s = pd.Series({'库存现金': 500, '银行存款': 20000, '应收账款':10000}) # 创建一个 Series 对象
print(s.index)    # 获取 Series 的索引
print(s.values)  # 获取 Series 的值
```

运行结果：

```
Index(['库存现金', '银行存款', '应收账款'], dtype='object')
[500 20000 10000]
```

（三）DataFrame 数据结构

DataFrame 是 Pandas 中的二维表格型数据结构，可以看作是由多个 Series 组成的字典，其中每个 Series 对应一个列。DataFrame 既有行索引，也有列索引，可以方便地进行数据的查询、切片、过滤、计算等操作。

1. DataFrame 的创建

在 Python 中，利用 Pandas 中的 pd.DataFrame()函数创建 DataFrame 对象。DataFrame 数据结构的创建语法与 Series 相似，也可以选择列表或字典这两种方法生成，并自定义行索引和列索引。另外，DataFrame 数据结构还可以利用 Series 生成。

【示例 6-3】使用列表创建数据表。

```
import pandas as pd
data1 = [10, 20, 30, 40, 50]                        # 创建一个包含单列数据的列表
df1 = pd.DataFrame(data1,columns=['Value'])       # 使用列表创建 DataFrame
print(df1)
# 创建一个包含 2 列数据的列表
data2 = [['库存现金',500],[ '银行存款',20000],['应收账款',10000]]
# 使用列表创建 2 列 DataFrame 数据
df2=pd.DataFrame(data2,columns=['科目','金额'],index=['1001','1002','1122'])
print(df2)
```

运行结果：

```
     Value
0       10
1       20
2       30
3       40
4       50
        科目         金额
1001    库存现金       500
1002    银行存款     20000
1122    应收账款     10000
```

【示例 6-4】使用字典创建多列数据表。

```
import pandas as pd
# 创建一个包含多列数据的字典
data = { '会计科目': ['库存现金', '银行存款', '应收账款'],
    '期初余额': [500, 20000, 10000],
    '期末余额': [1500, 28000, 50000] }
df = pd.DataFrame(data)  # 使用字典创建 DataFrame
print(df)
```

运行结果：

```
    会计科目     期初余额       期末余额
0   库存现金      500        1500
1   银行存款     20000      28000
2   应收账款     10000      50000
```

如上例所示，如果要创建多列的 DataFrame，可以将一个字典传递给 pd.DataFrame()函数，其中字典的键是列名，值是相应的列数据。

2. DataFrame 索引

与 Series 略有差异，DataFrame 数据通常利用 index 属性和 columns 属性分别获取行索引和列索引。

【示例 6-5】获取 DataFrame 行索引。

```
import pandas as pd
# 创建一个包含多列数据的字典
data = { '会计科目': ['库存现金', '银行存款', '应收账款'],
    '期初余额': [500, 20000, 10000],
    '期末余额': [1500, 28000, 50000] }
df4= pd.DataFrame(data)            # 使用字典创建 DataFrame
df4.index                         # 获取行索引
```

运行结果：

```
RangeIndex(start=0, stop=3, step=1)
```

该结果表明 DataFrame 的行索引是一个从 0 开始，到 3 结束（不包括 3），步长为 1 的整数序列。

若将程序中"df4.index"语句替换成"df4.columns"，系统会返回列索引：Index(['会计科目', '期初余额', '期末余额'], dtype='object')。

二、Excel 表格操作

Python 中操作 Excel 文件最常用的库是 Pandas 和 Openpyxl。处理 Excel 文件的数据前，要完成两个库的安装工作。安装方法如下。

```
pip install pandas openpyxl
```

注意，在当前 Anaconda 3.8.0 的环境下，Pandas（版本 2.1.4）和 Openpyxl（版本 3.0.10）已经安装完成，这意味着在 Jupyter Notebook 中使用 Pandas 读取 Excel 文件的所有必要条件都已经具备。

（一）Excel 数据读取与输出

1. 读取 Excel 数据

Pandas 是一个强大的数据分析库，它对 Excel 文件的操作尤为方便。一般使用 pd.read_excel() 函数从 Excel 文件中读取数据，并将其转换为 DataFrame 对象。以下是 Pandas 处理 Excel 文件的数据的核心方法。

```
df = pd.read_excel(io, sheet_name='Sheet1', header=0)
```

其中，io 为必需参数，指定要读取的 Excel 文件，一般为 Excel 工作簿的文件路径与名称字符串，为了避免字符转义，还要在字符串前加"r"；sheet_name 为可选参数，用来指定工作表名称，默认为 0，为第一张工作表；header 为可选参数，用来指定用作列名的行号，默认为 0。

【示例 6-6】读入 Excel 文件。

```
import pandas as pd
df = pd.read_excel(r'C:\Users\39559\Desktop\客户信息.xlsx')
df
```

运行结果：

	客户名称	联系人	联系电话
0	广州晨光信息有限公司	陈琳	13712345678
1	哈尔滨瑞祥贸易有限公司	刘浩宇	13507890123
2	西安创新科技有限公司	周骏杰	13902234556
3	福州碧水商贸有限公司	王婉娜	13356834576
4	长沙启航科技有限公司	于子豪	13756789012
5	北京星辉电器有限公司	丁一萱	13577495201
6	成都蓝海科技发展有限公司	杨毅	13645567890
7	沈阳华美电器有限公司	孙雅莉	13945678923

2. 导出 Excel 数据

Pandas 中通过 DataFrame 创建的数据表，或者导入的 Excel 文件在完成数据清洗整理等操作后，常常需要导出到本地保存，这时应使用 to_excel() 方法，以指定名称将文件保存到指定位置。其语法结构如下。

```
to_excel(excel_file_path,sheet_name='Sheet1',header=True, index=True)
```

其中，excel_file_path 是必需参数，设定导出文件的路径与名称；sheet_name 是可选参数，表示要写入数据的工作表名称；header 是可选参数，表示是否导出列名，默认为 True；index 也是可选参数，表示是否导出行序号，默认为 True。

【示例 6-7】保存 DataFrame 数据到本地 Excel 文件中。

```
import pandas as pd
# 创建一个包含多列数据的字典
data = { '会计科目': ['库存现金', '银行存款', '应收账款'],
    '期初余额': [500, 20000, 10000],
    '期末余额': [1500, 28000, 50000] }
df5= pd.DataFrame(data) # 使用字典创建 DataFrame
# 将 df5 保存到桌面"科目余额"文件中
df5.to_excel(r'C:\Users\39559\Desktop\科目余额.xlsx',sheet_name='Sheet1', header=
True, index=True)
```

代码执行完毕后，打开"科目余额"文件，可见结果：

◢	A	B	C	D
1		会计科目	期初余额	期末余额
2	0	库存现金	500	1500
3	1	银行存款	20000	28000
4	2	应收账款	10000	50000

（二）数据预览与信息查看

从 Excel 文件读取的数据，可以通过一系列函数来了解其数据构成，如行数、列数、数据类型、索引情况等，并根据需要预览指定数目的数据条数。

df.head()方法从头预览数据，默认 5 条，也可在括号内设置预览数量的数值；df.tail()方法从尾部预览数据，用法与 df.head()方法相同；df.sample()方法则默认返回一条随机数据，也可设置返回数据的条数。

df.shape 属性会显示整个数据表的体量，并以元组的形式返回，其中第一个元素表示行数，第二个元素表示列数。通过这个属性可以判断数据量的大小。

df.info()方法会显示所有数据的类型、索引情况、行列数、各字段数据类型、内存占用等，但是其不支持 Series 数据；df.dtypes 属性会返回每个字段的数据类型及 DataFrame 整体的数据类型。

【示例 6-8】预览数据。

```
import pandas as pd
df = pd.read_excel(r'C:\Users\39559\Desktop\商品档案.xlsx')
df.head(3) # 预览数据前 3 条
```

运行结果：

	类别编号	商品类别	商品编号	商品名称	商品规格
0	1	厨房用品	ZNHWSH-01	智能恒温水壶	台
1	2	健康管理	ZNTZCH-01	智能体脂秤	个
2	1	厨房用品	ZJPBJ-01	自洁破壁机	台

💡举一反三

读取"商品档案"文件，随机预览数据 4 条，查看数据体量和字段数据类型。

相关代码：

```
# 随机预览数据 4 条
import pandas as pd
```

```
df = pd.read_excel(r'C:\Users\39559\Desktop\商品档案.xlsx')
df.sample(4)
```

运行结果：

	类别编号	商品类别	商品编号	商品名称	商品规格
11	2	健康管理	ZNXYJ-01	智能血压计	个
6	2	健康管理	ZNSMYZ-01	智能睡眠眼罩	个
4	1	厨房用品	ZWXSJH-01	紫外线杀菌盒	个
14	1	厨房用品	DNCZJ-01	多功能炊煮机	台

```
# 查看数据体量
import pandas as pd
df = pd.read_excel(r'C:\Users\39559\Desktop\商品档案.xlsx')
df.shape
```

运行结果：

```
(20, 5)
```

```
# 查看字段数据类型
import pandas as pd
df = pd.read_excel(r'C:\Users\39559\Desktop\商品档案.xlsx')
df.dtypes
```

运行结果：

```
类别编号       int64
商品类别      object
商品编号      object
商品名称      object
商品规格      object
dtype: object
```

任务二　Pandas 数据处理

一、数据提取与清洗

数据提取与清洗在数据分析和数据挖掘过程中扮演着至关重要的角色。在大数据时代，企业面临着前所未有的海量数据。这些数据往往来源于多个渠道，格式各异，且可能包含噪声、缺失值、异常值等，这些问题直接阻碍了数据的有效利用。因此，通过 Python 进行数据提取与清洗，能够显著提升数据的质量，为后续的数据分析、机器学习模型训练及业务决策支持提供坚实的数据基础。

（一）数据提取

数据提取（Data Extraction，DE）是指根据特定的目的或需求，从数据源中摘录、筛选出所需信息的过程。实际应用中可以提取指定单行、单列或多行、多列的数据，也可以按一定条件筛选出所有符合条件的数据。

1. 按列或行提取数据

从 Excel 文件读入 DataFrame 的数据包含很多信息，要想从原始数据中提取出一部分数据做分析，可以通过索引，也就是按行或列来进行提取。按列提取数据的语法结构如下。

```
df['列名']
df[['列名 1','列名 2', ...]]
```

按行提取数据，一般以切片的形式进行，确定提取数据起始行索引位置和终止行索引位置，获取从起始行到终止行之间的数据（包括起始行，不包括终止行）。其语法结构如下。

```
df[起始行索引:终止行索引]
```

这种通过指定一个位置区间来获取数据的方式称为切片索引。

【示例 6-9】读入数据表，提取指定单列数据。

```
df = pd.read_excel(r'C:\Users\39559\Desktop\9 月采购清单.xlsx')
df['商品名称']  # 显示数据表中商品名称一列数据
```

运行结果：

```
0       智能恒温水壶
1       智能体脂秤
2       自洁破壁机
3       智能加湿器
4       紫外线杀菌盒
         ......
66      多功能炊煮机
67      智能足浴盆
68      节能挂烫机
69      智能早餐大师
70      无忧早餐机
Name: 商品名称, Length: 71, dtype: object
```

【示例 6-10】读入数据表，提取指定多列数据。

```
df = pd.read_excel(r'C:\Users\39559\Desktop\9 月采购清单.xlsx')
df[['商品名称','采购数量','采购金额']]  # 显示数据表中商品名称、采购数量和采购金额 3 列数据
```

运行结果：

	商品名称	采购数量	采购金额
0	智能恒温水壶	1000	90000
1	智能体脂秤	2000	24000
2	自洁破壁机	600	180000
3	智能加湿器	1200	129600
4	紫外线杀菌盒	8000	384000
...	...	...	...
66	多功能炊煮机	410	73800
67	智能足浴盆	520	37440
68	节能挂烫机	300	41400
69	智能早餐大师	730	153300
70	无忧早餐机	420	102900

71 rows × 3 columns

【示例 6-11】读入数据表，提取指定行数据。

```
df = pd.read_excel(r'C:\Users\39559\Desktop\9 月采购清单.xlsx')
df[0:3]  # 显示数据表中第一行、第二行和第三行数据
```

运行结果：

	采购日期	商品名称	采购单位	采购单价	采购数量	采购金额
0	2024-09-03	智能恒温水壶	台	.90	1000	90000
1	2024-09-03	智能体脂秤	个	12	2000	24000
2	2024-09-03	自洁破壁机	台	300	600	180000

2. 按条件筛选数据

在数据处理过程中，常常会有带条件的数据提取需求，相当于 Excel 中的条件筛选。这种按条件提取数据的方式，在 Pandas 中叫作布尔索引，也称带条件判断的索引。其语法结构如下。

```
df[条件式]
```

除了单一条件筛选，布尔索引也可以结合逻辑运算符，如&（与）、|（或）、~（非）来进行更复杂的条件筛选，各个条件式要用圆括号括起来。

【示例 6-12】单一条件筛选。

```
df = pd.read_excel(r'C:\Users\39559\Desktop\9月采购清单.xlsx')
df[df['商品名称']=='超能吸尘器']  # 显示本月所有"超能吸尘器"的采购记录
```

运行结果：

	采购日期	商品名称	采购单位	采购单价	采购数量	采购金额
16	2024-09-03	超能吸尘器	台	260.0	500	130000
35	2024-09-10	超能吸尘器	台	260.0	120	31200

【示例 6-13】复合条件筛选。

```
df = pd.read_excel(r'C:\Users\39559\Desktop\9月采购清单.xlsx')
# 显示本月采购数量大于等于 1000，同时采购单价大于等于 200 的采购记录
df[(df['采购数量']>=1000)&(df['采购单价']>=200)]
```

运行结果：

	采购日期	商品名称	采购单位	采购单价	采购数量	采购金额
17	2024-09-03	智能早餐大师	台	210	1800	378000
18	2024-09-03	无忧早餐机	台	245	1500	367500

3. 同时提取行与列数据

当分析需要提取某几行的某几列数据时，上述方法就不奏效了。这时可以采用 loc 与 iloc 方法获取数据。

（1）loc 方法。

loc 方法只能使用自定义索引，如果数据中没有自定义索引，才能使用原始索引。其语法形式如下。

```
df.loc[index,column]
```

与切片索引不同，loc 方法中行索引以列举的形式表示，用逗号间隔，多行索引应用[]括起来，具体应用见示例 6-14。也可以设置条件筛选不同的行，具体应用见示例 6-15。

【示例 6-14】使用 loc 方法提取行、列数据。

```
df = pd.read_excel(r'C:\Users\39559\Desktop\9 月采购清单.xlsx')
# 提取索引为 2 和 4 的行，只显示商品名称、采购数量和采购金额 3 个字段
df.loc[[2,4],['商品名称','采购数量','采购金额']]
```

运行结果：

	商品名称	采购数量	采购金额
2	自洁破壁机	600	180000
4	紫外线杀菌盒	8000	384000

【示例 6-15】使用 loc 方法设置条件筛选行数据。

```
df = pd.read_excel(r'C:\Users\39559\Desktop\9 月采购清单.xlsx')
# 提取采购数量大于等于 10000 的行，只显示采购日期、商品名称和采购金额 3 个字段
df.loc[df['采购数量']>=10000,['采购日期','商品名称','采购金额']]
```

运行结果：

	采购日期	商品名称	采购金额
14	2024-09-03	多功能炊煮机	2160000

举一反三

使用 loc 方法提取 "9 月采购清单" 中索引值为 1、3、20 的采购记录。

```
df = pd.read_excel(r'C:\Users\39559\Desktop\9 月采购清单.xlsx')
df.loc[[1,3,20]]  # 提取索引为 1、3、20 的行
```

运行结果：

	采购日期	商品名称	采购单位	采购单价	采购数量	采购金额
1	2024-09-03	智能体脂秤	个	12	2000	24000
3	2024-09-03	智能加湿器	台	108	1200	129600
20	2024-09-10	智能体脂秤	个	12	570	6840

（2）iloc 方法。

除了 loc 方法外，iloc 方法也能实现对行列数据的同时筛选。与 loc 方法不同，iloc 方法是基于行和列的整数索引来选取数据的，不能使用自定义索引。其语法结构如下。

```
df.iloc[行位置, 列位置]
```

这里的行位置和列位置分别为行索引切片和列索引切片，包含起始索引，不包含结束索引。具体见示例 6-16。

【示例 6-16】使用 iloc 方法同时提取行、列数据。

```
df = pd.read_excel(r'C:\Users\39559\Desktop\9 月采购清单.xlsx')
df.iloc[36:39,1:4]    # 提取第 36~39 行、第 1~4 列数据，不含第 39 行和第 4 列数据
```

运行结果：

	商品名称	采购单位	采购单价
36	智能早餐大师	台	210
37	无忧早餐机	台	245
38	智能恒温水壶	台	90

（二）数据清洗

数据清洗（Data Cleaning）是数据预处理过程中至关重要的一个环节，它指的是在数据分析或数据挖掘之前，对数据进行的一系列检查和修正的过程，以确保数据的准确性、完整性、一致性、及时性和可用性。数据清洗是为了解决数据中可能存在的各种问题，包括但不限于缺失值、异常值、重复值、格式不一致、数据错误等。本书主要介绍缺失值与重复值的清洗方法。

1. 缺失值处理

缺失值指因为某些原因导致的部分数据为空的现象。为了保证数据分析的有效性，首先要查找缺失值，然后采用两种处理方法：一是删除缺失值，二是填充缺失值，即用某个数值来代替。

（1）查找缺失值。

查找缺失值可以使用 info() 或者 isnull() 方法。info() 在前面已经学习过，它可以返回数据表的详细信息，但对于缺失值的展示，不够直观具体。实践时多采用 isnull() 方法查找缺失值。

【示例 6-17】查找缺失值。

```
df = pd.read_excel(r'C:\Users\39559\Desktop\9月采购清单.xlsx')
df.isnull()
```

运行结果：

	采购日期	商品名称	采购单位	采购单价	采购数量	采购金额
0	False	False	False	False	False	False
1	False	False	False	False	False	False
2	False	False	False	False	False	False
3	False	False	False	False	False	False
4	False	False	False	True	False	False
...	...	...	...	...	...	...
66	False	False	False	False	False	False
67	False	False	False	False	False	False
68	False	False	False	False	False	False
69	False	False	False	False	False	False
70	False	False	False	False	False	False

71 rows × 6 columns

（2）删除缺失值。

处理缺失数据时，通常使用 dropna() 删除含有缺失值的行或列或使用 fillna() 填充缺失值。dropna() 方法默认删除有缺失值的行，当某一行有缺失值的时候，该行会被整体删除，这样往往会损失一些有效数据。因此，一般使用 dropna() 删除全部为空白的行数据。此时需要给dropna() 指定一个参数 "how='all'"。

【示例 6-18】删除缺失值。

```
df = pd.read_excel(r'C:\Users\39559\Desktop\9月采购清单.xlsx')
df.dropna(how='all')
```

运行结果：

	采购日期	商品名称	采购单位	采购单价	采购数量	采购金额
0	2024-09-03	智能恒温水壶	台	90.0	1000	90000
1	2024-09-03	智能体脂秤	个	12.0	2000	24000
2	2024-09-03	自洁破壁机	台	300.0	600	180000
3	2024-09-03	智能加湿器	台	108.0	1200	129600
4	2024-09-03	紫外线杀菌盒	个	NaN	8000	384000
...	...	...	...	...	...	...
66	2024-09-20	多功能炊煮机	台	180.0	410	73800
67	2024-09-20	智能足浴盆	台	72.0	520	37440
68	2024-09-15	节能挂烫机	台	138.0	300	41400
69	2024-09-20	智能早餐大师	台	210.0	730	153300
70	2024-09-20	无忧早餐机	台	245.0	420	102900

71 rows × 6 columns

从结果可见，由于本例中没有完全的空白行，因此运行程序后，数据的行列数没有发生变化。如果有，系统会自动删除空白行，并且在最底部显示删除后的数据规模（行数×列数）。

（3）填充缺失值。

数据处理过程中，只要数据表缺失比例不过高，一般不删除数据而是利用 fillna() 填充缺失值。在 fillna() 的括号中输入要填充的值，可以一次性完成数据表中全部缺失值的填充。

【示例 6-19】填充缺失值为 0。

```python
df = pd.read_excel(r'C:\Users\39559\Desktop\9月采购清单.xlsx')
df.fillna(0)
```

运行结果：

	采购日期	商品名称	采购单位	采购单价	采购数量	采购金额
0	2024-09-03	智能恒温水壶	台	90.0	1000	90000
1	2024-09-03	智能体脂秤	个	12.0	2000	24000
2	2024-09-03	自洁破壁机	台	300.0	600	180000
3	2024-09-03	智能加湿器	台	108.0	1200	129600
4	2024-09-03	紫外线杀菌盒	个	0.0	8000	384000
...	...	...	...	...	...	...
66	2024-09-20	多功能炊煮机	台	180.0	410	73800
67	2024-09-20	智能足浴盆	台	72.0	520	37440
68	2024-09-15	节能挂烫机	台	138.0	300	41400
69	2024-09-20	智能早餐大师	台	210.0	730	153300
70	2024-09-20	无忧早餐机	台	245.0	420	102900

71 rows × 6 columns

2. 重复值处理

重复数据指内容完全相同，却记录了多条的数据。数据分析之前需要对重复数据进行甄别并做删除处理。在 Pandas 中，采用 drop_duplicates()方法对重复值进行判断，且默认保留第一个（行）值。其语法结构如下。

```
df.drop_duplicates(subset=None,keep='first',inplace=False, ignore_index=False)
```

subset 为可选参数，用于指定考虑哪些列来识别重复项；可以是列名的列表、元组、标签或布尔索引器，默认为 None，表示根据所有列来判断重复。keep 为可选参数，决定如何处理重复项，默认为 first，表示保留第一次出现的重复行，删除后续的重复行，也可设置为 last（保留最后一次出现的重复行）或 False（删除所有重复行）。inplace 为可选参数，默认为 False，意味着操作不会改变原数据框，而是返回一个新的数据框；如果设置为 True，则直接在原始数据框上进行修改，不返回任何值。ignore_index 为可选参数，默认为 False，如果设置为 True，删除重复项后会重置索引，从 0 开始连续编号。

【示例 6-20】在原数据框里删除完全重复项。

```
df = pd.read_excel(r'C:\Users\39559\Desktop\9月采购清单.xlsx')
df.drop_duplicates(inplace=True) # 在原数据框里删除重复项
df
```

运行结果：

	采购日期	商品名称	采购单位	采购单价	采购数量	采购金额
0	2024-09-03	智能恒温水壶	台	90.0	1000	90000
1	2024-09-03	智能体脂秤	个	12.0	2000	24000
2	2024-09-03	自洁破壁机	台	300.0	600	180000
3	2024-09-03	智能加湿器	台	108.0	1200	129600
4	2024-09-03	紫外线杀菌盒	个	NaN	8000	384000
...	...	...	...	...	...	...
66	2024-09-20	多功能炊煮机	台	180.0	410	73800
67	2024-09-20	智能足浴盆	台	72.0	520	37440
68	2024-09-15	节能挂烫机	台	138.0	300	41400
69	2024-09-20	智能早餐大师	台	210.0	730	153300
70	2024-09-20	无忧早餐机	台	245.0	420	102900

70 rows × 6 columns

上述方法针对所有字段进行重复值判断，实际应用中也可以只针对某一个或某几个字段进行重复值判断和处理。此时需要对 drop.duplicates()函数的第一个参数 subset 进行设置，而非默认。

【示例 6-21】在原数据框里删除部分字段重复项。

```
df = pd.read_excel(r'C:\Users\39559\Desktop\9月采购清单.xlsx')
df.drop_duplicates('商品名称',inplace=True)        # 在原数据框里删除"商品名称"重复的项
df
```

运行结果：

	采购日期	商品名称	采购单位	采购单价	采购数量	采购金额
0	2024-09-03	智能恒温水壶	台	90.0	1000	90000
1	2024-09-03	智能体脂秤	个	12.0	2000	24000
2	2024-09-03	自洁破壁机	台	300.0	600	180000
3	2024-09-03	智能加湿器	台	108.0	1200	129600
4	2024-09-03	紫外线杀菌盒	个	NaN	8000	384000
5	2024-09-03	智能电动牙刷	支	18.0	2500	45000
6	2024-09-03	智能睡眠眼罩	个	24.0	1800	43200
7	2024-09-03	多功能料理锅	台	180.0	700	126000
8	2024-09-03	颈椎按摩器	个	36.0	5000	180000
9	2024-09-03	空气净化器	台	720.0	400	288000
10	2024-09-03	智能保温杯	个	30.0	3000	90000
11	2024-09-03	智能血压计	个	15.0	2200	33000
12	2024-09-03	智能除螨仪	台	90.0	900	81000
13	2024-09-03	智能瑜伽垫	个	60.0	1200	72000
14	2024-09-03	多功能炊煮机	台	180.0	12000	2160000
15	2024-09-03	智能足浴盆	台	72.0	800	57600
16	2024-09-03	超能吸尘器	台	260.0	500	130000
17	2024-09-03	智能早餐大师	台	210.0	1800	378000
18	2024-09-03	无忧早餐机	台	245.0	1500	367500
68	2024-09-15	节能挂烫机	台	138.0	300	41400

从结果看，系统将"商品名称"相同的记录都从原数据框里删除了，如果想在新数据框里删除重复数据，需要将删除重复项后的数据框命名，再输出。

🖎 牛刀小试

将"9 月采购清单"文件中的重复项删除，并将处理结果在新数据框里显示。

相关代码：

```
df = pd.read_excel(r'C:\Users\39559\Desktop\9月采购清单.xlsx')
df_nodup=df.drop_duplicates('采购单位')     # 在新数据框里删除"采购单位"重复的项
df_nodup
```

运行结果：

	采购日期	商品名称	采购单位	采购单价	采购数量	采购金额
0	2024-09-03	智能恒温水壶	台	90.0	1000	90000
1	2024-09-03	智能体脂秤	个	12.0	2000	24000
5	2024-09-03	智能电动牙刷	支	18.0	2500	45000

注意，进行数据提取、筛选和清洗操作之前，必须确保使用的 Python 环境中已经安装并导入了 Pandas，且 Excel 文件路径是正确的。

二、数据合并

数据合并是数据处理中一项基础且重要的操作，主要分为横向合并与纵向合并两种。其中，横向合并可以增加新的列或字段，从而扩展数据的宽度，在实践中更为常用。

（一）横向合并

横向合并涵盖多种灵活的方式，包括一对一合并、多对一合并、多对多合并以及指定连接方式合并等多种合并类型。

1. 一对一合并

一对一合并，即两个数据集在合并时，数据表中的每条记录都能在另一个数据表中找到唯一对应的记录，从而实现精准匹配。此时需要合并的两个数据表的公共列是一对一的，可以通过这个公共列把两个数据表合并、连接在一起。使用 merge() 方法，且合并前要先观察两个需要合并的表的情况。

【示例 6-22】读取员工工资表 1，观察数据结构。

```
import pandas as pd
df1= pd.read_excel(r'C:\Users\39559\Desktop\合并\一对一合并\员工工资表1.xlsx')
df1
```

运行结果：

	员工编号	工资
0	NED001	8160
1	NED002	6240
2	NED003	3120
3	NED004	3120
4	NED005	4680
5	NED006	4580
6	NED007	5120
7	NED008	6000
8	NED009	8000
9	NED010	4000

【示例 6-23】读取员工信息表 1，观察数据结构。

```
import pandas as pd
df2= pd.read_excel(r'C:\Users\39559\Desktop\合并\一对一合并\员工信息表1.xlsx')
df2
```

运行结果：

	员工编号	部门	员工姓名
0	NED001	IT部	胡兰山
1	NED002	财务部	王小山
2	NED003	销售部	黄明
3	NED004	IT部	李丽
4	NED005	财务部	黄林
5	NED006	人事部	成程
6	NED007	销售部	康芬芬
7	NED008	人事部	周立强
8	NED009	人事部	王天山
9	NED010	销售部	强民

【示例 6-24】合并员工工资表 1 与员工信息表 1。

```
import pandas as pd
pd.merge(df1,df2)
```

运行结果：

	员工编号	工资	部门	员工姓名
0	NED001	8160	IT部	胡兰山
1	NED002	6240	财务部	王小山
2	NED003	3120	销售部	黄明
3	NED004	3120	IT部	李丽
4	NED005	4680	财务部	黄林
5	NED006	4580	人事部	成程
6	NED007	5120	销售部	康芬芬
7	NED008	6000	人事部	周立强
8	NED009	8000	人事部	王天山
9	NED010	4000	销售部	强民

从运行结果看，merge()方法会自动寻找两个数据表中的公共列（合并键），然后以公共列为基准对两个表格进行合并。本例中的公共列为"员工编号"，这两个数据表的数据最终合二为一。

在进行一对一横向合并时，必须确保公共列在两个数据表中都是唯一的或可以唯一标识每条记录的。

如果某个数据表中存在与公共列不匹配的记录，这些记录可能不会出现在结果数据集中，具体取决于所使用的数据处理工具或方法的处理方式。

2．多对一合并

多对一合并，指的是两个数据表的公共列不是一对一的对应关系，其中一个数据表的公共列有重复值，另一个数据表的公共列是唯一的。这两个数据表的拼接结果是保留第一个数据表的重复值，然后在第二个数据表中增加数据的重复值，达到最后的合并效果。这种情况下，一方数据集中的多条记录与另一方数据集中的单条记录关联，适用于存在主从关系的数据集。合并前仍然要先观察两个数据表的结构。

【示例 6-25】读取员工工资表 2，观察数据结构。

```
import pandas as pd
df3= pd.read_excel(r'C:\Users\39559\Desktop\合并\多对一合并\员工工资表2.xlsx')
df3
```

运行结果:

	员工编号	支付日期	工资
0	NED001	2024-04-01	8160
1	NED001	2024-03-02	8000
2	NED002	2024-04-01	6240
3	NED002	2024-03-02	6120
4	NED003	2024-04-01	3120
5	NED003	2024-03-02	4800
6	NED004	2024-04-01	3120
7	NED005	2024-04-01	4680
8	NED006	2024-04-01	4580
9	NED006	2024-03-02	4500
10	NED007	2024-04-01	5120
11	NED008	2024-04-01	6000
12	NED009	2024-04-01	8000
13	NED010	2024-04-01	4000
14	NED010	2024-03-02	4680

【示例 6-26】读取员工信息表 2，观察数据结构。

```
import pandas as pd
df4= pd.read_excel(r'C:\Users\39559\Desktop\合并\多对一合并\员工信息表2.xlsx')
df4
```

运行结果:

	员工编号	部门	员工姓名
0	NED001	IT部	胡兰山
1	NED002	财务部	王小山
2	NED003	销售部	黄明
3	NED004	IT部	李丽
4	NED005	财务部	黄林
5	NED006	人事部	成程
6	NED007	销售部	康芬芬
7	NED008	人事部	周立强
8	NED009	人事部	王天山
9	NED010	销售部	强民
10	NED011	销售部	王明
11	NED012	人事部	刘义

【示例 6-27】合并员工工资表 2 与员工信息表 2。

```
import pandas as pd
pd.merge(df3,df4)
```

运行结果：

	员工编号	支付日期	工资	部门	员工姓名
0	NED001	2024-04-01	8160	IT部	胡兰山
1	NED001	2024-03-02	8000	IT部	胡兰山
2	NED002	2024-04-01	6240	财务部	王小山
3	NED002	2024-03-02	6120	财务部	王小山
4	NED003	2024-04-01	3120	销售部	黄明
5	NED003	2024-03-02	4800	销售部	黄明
6	NED004	2024-04-01	3120	IT部	李丽
7	NED005	2024-04-01	4680	财务部	黄林
8	NED006	2024-04-01	4580	人事部	成程
9	NED006	2024-03-02	4500	人事部	成程
10	NED007	2024-04-01	5120	销售部	康芬芬
11	NED008	2024-04-01	6000	人事部	周立强
12	NED009	2024-04-01	8000	人事部	王天山
13	NED010	2024-04-01	4000	销售部	强民
14	NED010	2024-03-02	4680	销售部	强民

进行上述合并，系统会遍历员工信息表，对每条记录，在员工工资表中查找所有具有相同员工编号的记录。由于是多对一合并，员工信息表中的每条记录可能与员工工资表中的多条记录匹配。

3. 多对多合并

多对多合并是指待合并的两个数据表的公共列不是一对一的，两个数据表中的公共列都存在重复值。即要将一个数据表中的多条记录与另一个数据表中的多条记录匹配，这种合并方式能够全面展示存在的复杂关系。

【示例 6-28】读取订单表，观察数据结构。

```
import pandas as pd
df5= pd.read_excel(r'C:\Users\39559\Desktop\合并\多对多合并\订单表.xlsx')
df5
```

运行结果：

	订单编号	客户编号	订单日期
0	OR001	C001	2024-02-01
1	OR002	C001	2024-02-02
2	OR002	C002	2024-02-03
3	OR003	C001	2024-02-05
4	OR003	C002	2024-02-06

【示例 6-29】读取订单详情表，观察数据结构。

```
import pandas as pd
df6= pd.read_excel(r'C:\Users\39559\Desktop\合并\多对多合并\订单详情.xlsx')
df6
```

运行结果：

	订单编号	产品编号	采购数量
0	OR001	P001	2000
1	OR001	P002	1500
2	OR002	P001	3200
3	OR003	P002	4000
4	OR003	P003	2300

【示例 6-30】合并订单表与订单详情表。

```
import pandas as pd
pd.merge(df5,df6)
```

运行结果：

	订单编号	客户编号	订单日期	产品编号	采购数量
0	OR001	C001	2024-02-01	P001	2000
1	OR001	C001	2024-02-01	P002	1500
2	OR002	C001	2024-02-02	P001	3200
3	OR002	C002	2024-02-03	P001	3200
4	OR003	C001	2024-02-05	P002	4000
5	OR003	C001	2024-02-05	P003	2300
6	OR003	C002	2024-02-06	P002	4000
7	OR003	C002	2024-02-06	P003	2300

4. 指定连接方式合并

（1）on 参数指定连接列。

允许用户根据特定条件或键（如 id、日期等）自定义合并逻辑，实现更为精确和灵活的数据整合。merge()方法可以用 on 参数来指定连接列。

【示例 6-31】读取销售量数据，观察数据结构。

```
import pandas as pd
df7= pd.read_excel(r'C:\Users\39559\Desktop\合并\on 参数指定连接\销售量数据.xlsx')
df7
```

运行结果：

	产品编码	销售人员	区域	产品名称	销售量
0	PP001	陈玲	和平区	OPPODD	8
1	PS001	杨婧	沈北新区	三星GGD	9
2	PS002	钟冶明	皇姑区	三星GD	11
3	PP001	陈玲	康平县	OPPODD	5
4	PP003	朱冼	新民市	OPPOZD	4
5	PA001	张君君	辽中区	苹果DD	3
6	PP003	杨婧	皇姑区	OPPOZD	6

【示例 6-32】读取销售额数据，观察数据结构。

```
import pandas as pd
df8= pd.read_excel(r'C:\Users\39559\Desktop\合并\on 参数指定连接\销售额数据.xlsx')
df8
```

运行结果：

	产品编码	销售人员	区域	产品名称	销售额
0	PP001	陈玲	和平区	OPPODD	18400
1	PS001	杨婧	沈北新区	三星GGD	56700
2	PS002	钟冶明	皇姑区	三星GD	66000
3	PP001	陈玲	康平县	OPPODD	11500
4	PP003	朱洗	新民市	OPPOZD	11200
5	PA001	张君君	辽中区	苹果DD	14100
6	PP003	杨婧	皇姑区	OPPOZD	16800

【示例 6-33】使用 on 参数来合并销售量数据与销售额数据，以"产品编码""产品名称"做连接列。

```
import pandas as pd
pd.merge(df7,df8,on=['产品编码','产品名称'])
```

运行结果：

	产品编码	销售人员_x	区域_x	产品名称	销售量	销售人员_y	区域_y	销售额
0	PP001	陈玲	和平区	OPPODD	8	陈玲	和平区	18400
1	PP001	陈玲	和平区	OPPODD	8	陈玲	康平县	11500
2	PP001	陈玲	康平县	OPPODD	5	陈玲	和平区	18400
3	PP001	陈玲	康平县	OPPODD	5	陈玲	康平县	11500
4	PS001	杨婧	沈北新区	三星GGD	9	杨婧	沈北新区	56700
5	PS002	钟冶明	皇姑区	三星GD	11	钟冶明	皇姑区	66000
6	PP003	朱洗	新民市	OPPOZD	4	朱洗	新民市	11200
7	PP003	朱洗	新民市	OPPOZD	4	杨婧	皇姑区	16800
8	PP003	杨婧	皇姑区	OPPOZD	6	朱洗	新民市	11200
9	PP003	杨婧	皇姑区	OPPOZD	6	杨婧	皇姑区	16800
10	PA001	张君君	辽中区	苹果DD	3	张君君	辽中区	14100

通过"产品编码"和"产品名称"，将 df7 和 df8 合并成一个数据表。由这个示例可知，on 参数指定连接列的原则与一对一、多对一、多对多的连接原则并不冲突，而是这些原则在具体应用时的一种体现或指导。

（2）指定左右表连接列。

根据两个 DataFrame 中的特定列来连接它们时，可以使用 pandas.merge()函数。在 Pandas 中，当左表和右表中要连接的列名不相同时，就会使用 left_on 和 right_on 参数分别指定左表和右表中的连接列，这种方法通常用于两个表之间虽然存在某种关联，但是表示这种关联的列名却不相同的情况下。

【示例 6-34】通过 left_on 和 right_on 参数分别指定连接列，连接员工工资表 3 与员工信息表 3。

① 查看员工工资表 3。

```
import pandas as pd
df9= pd.read_excel(r'C:\Users\39559\Desktop\合并\左右连接\员工工资表3.xlsx')
df9
```

运行结果：

	员工编号	支付日期	工资
0	NED001	2024-04-01	8160
1	NED001	2024-03-02	8000
2	NED002	2024-04-01	6240
3	NED002	2024-03-02	6120
4	NED003	2024-04-01	3120
5	NED003	2024-03-02	4800
6	NED004	2024-04-01	3120
7	NED005	2024-04-01	4680
8	NED006	2024-04-01	4580

② 查看员工信息表 3。

```
import pandas as pd
df10= pd.read_excel(r'C:\Users\39559\Desktop\合并\左右连接\员工信息表 3.xlsx')
df10
```

运行结果：

	编号	部门	员工姓名
0	NED001	IT部	胡兰山
1	NED002	财务部	王小山
2	NED003	销售部	黄明
3	NED004	IT部	李丽
4	NED005	财务部	黄林
5	NED006	人事部	成程
6	NED007	销售部	康芬芬
7	NED008	人事部	周立强
8	NED009	人事部	王天山
9	NED010	销售部	强民

③ 合并员工工资表 3 和员工信息表 3。

```
import pandas as pd
result=pd.merge(df9,df10,left_on='员工编号',right_on='编号')
print(result)
```

运行结果：

```
     员工编号      支付日期     工资     编号    部门  员工姓名
0  NED001  2024-04-01  8160  NED001  IT部   胡兰山
1  NED001  2024-03-02  8000  NED001  IT部   胡兰山
2  NED002  2024-04-01  6240  NED002  财务部  王小山
3  NED002  2024-03-02  6120  NED002  财务部  王小山
4  NED003  2024-04-01  3120  NED003  销售部   黄明
5  NED003  2024-03-02  4800  NED003  销售部   黄明
6  NED004  2024-04-01  3120  NED004  IT部   李丽
7  NED005  2024-04-01  4680  NED005  财务部   黄林
8  NED006  2024-04-01  4580  NED006  人事部   成程
```

示例 6-34 利用 left_on 与 right_on 将员工工资表 3 中的"员工编号"列与员工信息表 3 中的"编号"列连接起来。

（3）索引列作为连接列。

在 Pandas 中，索引列作为连接列的应用场景通常为需要根据 DataFrame 的索引来合并或连接数据。当数据表使用索引列（如主键或唯一标识符）来唯一标识记录时，这些索引列自然成为连接其他表的主要依据。在这种情况下，索引列不仅用于快速访问表中的记录，还用于在表之间建立关系。

使用 pd.merge()方法并设置 left_index=True 和 right_index=True 来实现基于索引的内连接（只保留两个 DataFrame 中都存在的索引）。

在使用索引列作为连接列时，应确保两个 DataFrame 的索引类型相同（如都是整数、字符串等），以避免不必要的错误。

如果索引是时间序列数据（如日期时间类型），在连接之前须对索引进行适当的排序和格式化，以确保连接的准确性。

【示例 6-35】使用 on 参数合并数据。

```python
import pandas as pd
# 创建两个 DataFrame，并设置索引
data1 = {'会计科目': ['库存现金', '银行存款', '应收账款'], '期初余额': [1000, 2000, 10000]}
df11 = pd.DataFrame(data1, index=['x', 'y', 'z'])
data2 = {'本期借方发生额': [1500, 3000, 20000], '期末余额': [2500, 5000, 30000]}
df12 = pd.DataFrame(data2, index=['x', 'y', 'w'])  # 注意这里'w'与 df11 的索引不匹配
result=pd.merge(df11,df12,left_index=True,right_index=True)
print(result)
```

运行结果：

```
      会计科目   期初余额   本期借方发生额   期末余额
x     库存现金   1000   1500        2500
y     银行存款   2000   3000        5000
```

（4）参数 how 指定合并方式。

在 Pandas 的 pd.merge()函数中，how 参数用于指定合并（或连接）两个 DataFrame 的方式。how 参数可以取以下几个值。

"left"即左连接（Left Join），返回左 DataFrame 中的所有行，即使右 DataFrame 中没有匹配的行。如果右 DataFrame 中没有匹配的行，结果中这些行的右 DataFrame 部分将包含 NaN。

"right"即右连接（Right Join），返回右 DataFrame 中的所有行，即使左 DataFrame 中没有匹配的行。如果左 DataFrame 中没有匹配的行，结果中这些行的左 DataFrame 部分将包含 NaN。

"outer"即外连接（Outer Join），返回两个 DataFrame 中所有的行。如果某个 DataFrame 中的行在另一个 DataFrame 中没有匹配的行，结果中这些行的对应部分将包含 NaN。

"inner"即内连接（Inner Join），仅返回两个 DataFrame 中都有匹配的行。另外，用 None（或省略）表示默认值"inner"，但通常明确指定"inner"或其他连接方式使代码更易于理解。

【**示例 6-36**】使用参数 how 指定方式合并数据。

```
import pandas as pd
# 创建两个 DataFrame
df1 = pd.DataFrame({'会计科目': ['库存现金', '银行存款', '应收账款', '应收票据'],
                    '期初金额': [1000, 2000, 10000, 5000],
                    'key': ['K0', 'K1', 'K2', 'K3']})
df2 = pd.DataFrame({'本期借方发生额': [2500,3500,6000],
                    '本期贷方发生额': [800,1500,3400],
                    '期末余额':[800,1500,1000],
                    'key': ['K0', 'K1', 'K4']})

# 使用不同的 how 参数进行合并
result_left = pd.merge(df1, df2, on='key', how='left')
result_right = pd.merge(df1, df2, on='key', how='right')
result_outer = pd.merge(df1, df2, on='key', how='outer')
result_inner = pd.merge(df1, df2, on='key', how='inner')

# 显示结果
print('Left Join:')
print(result_left)
print('\nRight Join:')
print(result_right)
print('\nOuter Join:')
print(result_outer)
print('\nInner Join:')
print(result_inner)
```

运行结果：

```
Left Join:
     会计科目    期初金额 key  本期借方发生额  本期贷方发生额   期末余额
0   库存现金    1000  K0    2500.0    800.0    800.0
1   银行存款    2000  K1    3500.0   1500.0   1500.0
2   应收账款   10000  K2      NaN      NaN      NaN
3   应收票据    5000  K3      NaN      NaN      NaN

Right Join:
     会计科目    期初金额 key  本期借方发生额  本期贷方发生额   期末余额
0   库存现金  1000.0  K0    2500      800      800
1   银行存款  2000.0  K1    3500     1500     1500
2    NaN     NaN  K4    6000     3400     1000

Outer Join:
     会计科目    期初金额 key  本期借方发生额  本期贷方发生额   期末余额
0   库存现金  1000.0  K0    2500.0    800.0    800.0
1   银行存款  2000.0  K1    3500.0   1500.0   1500.0
2   应收账款 10000.0  K2      NaN      NaN      NaN
3   应收票据  5000.0  K3      NaN      NaN      NaN
4    NaN     NaN  K4    6000.0   3400.0   1000.0

Inner Join:
     会计科目    期初金额 key  本期借方发生额  本期贷方发生额   期末余额
0   库存现金    1000  K0    2500      800      800
1   银行存款    2000  K1    3500     1500     1500
```

【点石成金】

在 Pandas 中，数据合并通常是指将两个或多个 DataFrame 连接在一起。根据连接键（公共列）的数量和类型，数据合并可以分为一对一、多对一和多对多 3 种主要类型。

一对一合并指的是两个 DataFrame 中连接键（公共列）的值是一一对应的。连接键（公共列）在两个 DataFrame 中都是唯一的，结果 DataFrame 中的行数等于连接键（公共列）的唯一值数量，通常使用 merge()方法的'inner'或'left'连接类型。

多对一合并通常发生在将详细数据连接到汇总数据上。一个 DataFrame 中的连接键（公共列）包含重复值，另一个 DataFrame 中的连接键（公共列）是唯一的；结果 DataFrame 中的行数等于包含重复键的 DataFrame 的行数。通常使用 merge()方法的'left'连接类型。

多对多合并是指两个 DataFrame 中的连接键（公共列）都包含重复值，即对于每个连接键（公共列）的值，在两个 DataFrame 中都可能存在多个匹配项。结果 DataFrame 中的行数通常大于任何一个输入 DataFrame 的行数。通常使用 merge()方法的'inner'或'outer'连接类型。

（二）纵向合并

数据表纵向合并是指将两个数据表在垂直方向上上下堆叠，从而形成一个新的、包含更多数据记录的数据集。这种合并方式在数据处理和分析中非常常见，特别是在需要将不同时间段、不同来源但结构相同的数据整合到一起时。一般使用 concat()方法。

在进行纵向合并时，必须确保所有参与合并的数据集具有相同的字段结构和字段顺序。如果某些字段在不同数据集中存在缺失值或数据类型不一致的情况，可能需要在合并前进行数据处理，如填充缺失值或转换数据类型等。

【示例 6-37】宏发公司 2024 年 4 月上、中、下旬的员工销售记录分别存放在 3 个 Excel 数据表中，每个数据表都包含相同的字段：日期、销售人员、区域、品牌、销售量、销售额、平均单价。请将 3 个数据表合并到一起，以便进行整月的销售数据分析。

（1）读取 4 月上旬数据表。

```
import pandas as pd
dfsx= pd.read_excel(r'C:\Users\39559\Desktop\合并\纵向合并\4月上旬.xlsx')
dfsx
```

运行结果：

	日期	销售人员	区域	品牌	销售量	销售额	平均单价
0	2024-04-02	钟冶明	皇姑区	三星	11	66000	6000
1	2024-04-03	陈玲	康平县	OPPO	8	18400	2300
2	2024-04-03	朱冼	新民市	OPPO	4	11200	2800
3	2024-04-04	张君君	辽中区	苹果	3	14100	4700
4	2024-04-05	杨婧	皇姑区	OPPO	6	16800	2800
5	2024-04-07	宋华	沈河区	苹果	10	50000	5000
6	2024-04-08	赵子荣	辽中区	小米	10	48000	4800
7	2024-04-09	朱冼	大东区	其他	8	20800	2600
8	2024-04-09	朱冼	苏家屯区	OPPO	6	15600	2600
9	2024-04-09	张君君	辽中区	其他	7	16800	2400
10	2024-04-10	杨婧	皇姑区	小米	8	26400	3300

项目六 Pandas 数据处理与 Matplotlib 可视化

（2）读取 4 月中旬数据表。

```
import pandas as pd
dfzx= pd.read_excel(r'C:\Users\39559\Desktop\合并\纵向合并\4月中旬.xlsx')
dfzx
```

运行结果：

	日期	销售人员	区域	品牌	销售量	销售额	平均单价
0	2024-04-11	张君君	皇姑区	小米	10	55000	5500
1	2024-04-11	杨婧	康平县	三星	11	71500	6500
2	2024-04-12	宋华	沈北新区	苹果	6	21600	3600
3	2024-04-12	宋华	大东区	其他	9	21600	2400
4	2024-04-13	宋华	皇姑区	其他	11	22000	2000
5	2024-04-14	张伟	辽中区	OPPO	5	13000	2600
6	2024-04-15	张伟	新民市	华为	10	40000	4000
7	2024-04-16	朱冼	皇姑区	华为	6	15000	2500
8	2024-04-17	赵子荣	浑南新区	三星	10	36000	3600
9	2024-04-18	高志敏	沈北新区	OPPO	8	22400	2800
10	2024-04-19	杨婧	皇姑区	苹果	6	21000	3500

（3）读取 4 月下旬数据表。

```
import pandas as pd
dfxx= pd.read_excel(r'C:\Users\39559\Desktop\合并\纵向合并\4月下旬.xlsx')
dfxx
```

运行结果：

	日期	销售人员	区域	品牌	销售量	销售额	平均单价
0	2024-04-21	宋华	沈北新区	其他	5	17500	3500
1	2024-04-22	朱冼	大东区	华为	10	25000	2500
2	2024-04-23	钟冶明	浑南新区	其他	4	10400	2600
3	2024-04-25	赵子荣	皇姑区	苹果	11	57200	5200
4	2024-04-25	杨婧	沈北新区	小米	6	13800	2300
5	2024-04-27	朱冼	辽中区	华为	3	9300	3100
6	2024-04-30	朱冼	沈北新区	vivo	11	26400	2400
7	2024-04-30	张君君	沈北新区	华为	3	11100	3700

（4）纵向合并 4 月上旬、中旬和下旬的销售数据表。

```
import pandas as pd
pd.concat([dfsx,dfzx,dfxx])
```

运行结果：

	日期	销售人员	区域	品牌	销售量	销售额	平均单价
0	2024-04-02	钟冶明	皇姑区	三星	11	66000	6000
1	2024-04-03	陈玲	康平县	OPPO	8	18400	2300
2	2024-04-03	朱冼	新民市	OPPO	4	11200	2800
3	2024-04-04	张君君	辽中区	苹果	3	14100	4700
4	2024-04-05	杨婧	皇姑区	OPPO	6	16800	2800
5	2024-04-07	宋华	沈河区	苹果	10	50000	5000
6	2024-04-08	赵子荣	辽中区	小米	10	48000	4800
7	2024-04-09	朱冼	大东区	其他	8	20800	2600
8	2024-04-09	朱冼	苏家屯区	OPPO	6	15600	2600
9	2024-04-09	张君君	辽中区	其他	7	16800	2400
10	2024-04-10	杨婧	皇姑区	小米	8	26400	3300
0	2024-04-11	张君君	皇姑区	小米	10	55000	5500
1	2024-04-11	杨婧	康平县	三星	11	71500	6500
2	2024-04-12	宋华	沈北新区	苹果	6	21600	3600
3	2024-04-12	宋华	大东区	其他	9	21600	2400
4	2024-04-13	宋华	皇姑区	其他	11	22000	2000
5	2024-04-14	张伟	辽中区	OPPO	5	13000	2600
6	2024-04-15	张伟	新民市	华为	10	40000	4000
7	2024-04-16	朱冼	皇姑区	华为	6	15000	2500
8	2024-04-17	赵子荣	浑南新区	三星	10	36000	3600
9	2024-04-18	高志敏	沈北新区	OPPO	8	22400	2800
10	2024-04-19	杨婧	皇姑区	苹果	6	21000	3500
0	2024-04-21	宋华	沈北新区	其他	5	17500	3500
1	2024-04-22	朱冼	大东区	华为	10	25000	2500
2	2024-04-23	钟冶明	浑南新区	其他	4	10400	2600
3	2024-04-25	赵子荣	皇姑区	苹果	11	57200	5200
4	2024-04-25	杨婧	沈北新区	小米	6	13800	2300
5	2024-04-27	朱冼	辽中区	华为	3	9300	3100
6	2024-04-30	朱冼	沈北新区	vivo	11	26400	2400
7	2024-04-30	张君君	沈北新区	华为	3	11100	3700

三、数据分组

（一）单列分组

Pandas 中数据分组的方法主要通过 groupby()函数实现。groupby()函数允许将 DataFrame 或 Series 根据一个或多个列（可以是列名、列名的列表、函数、字典或 Series）进行分组，然后对每个组应用聚合函数或进行其他操作。单列分组是数据分析中非常强大的功能，能快速地对数据进行分段统计和分析。

【示例 6-38】单列分组。

```
import pandas as pd
df1= pd.read_excel(r'C:\Users\39559\Desktop\合并\销售数据表-分析.xlsx')
```

```
grouped = df1.groupby('品牌')
# 应用聚合函数
result = grouped['销售量'].sum()
print(result)
```

运行结果：

```
品牌
OPPO      18
三星       11
其他       28
华为       15
小米       18
苹果       16
Name: 销售量, dtype: int64
```

（二）多列分组

多列分组（也称层次化分组或多级分组）是 Pandas 数据分组功能的另一个重要方面，允许根据 DataFrame 中的多个列进行分组。这种分组方式在处理复杂数据时特别有用，因为它可以按照多个维度来分割和聚合数据。

【示例 6-39】多列分组。

```
import pandas as pd
df1= pd.read_excel(r'C:\Users\39559\Desktop\合并\销售数据表-分析.xlsx')
# 多列分组
grouped_multi = df1.groupby(['区域', '品牌'])
# 应用聚合函数
result_multi = grouped_multi['销售量'].sum()
print(result_multi)
```

运行结果：

```
区域      品牌
于洪区    华为         5
和平区    OPPO      12
        华为         4
大东区    其他        17
沈河区    苹果        10
皇姑区    OPPO       6
        三星        11
        其他        11
        华为         6
        小米        18
        苹果         6
Name: 销售量, dtype: int64
```

四、数据计算

（一）四则运算

在 Pandas 中，我们可以直接对 DataFrame 或 Series 执行四则运算。这些操作可以用来计算新的列或进行数据转换。

【**示例 6-40**】根据"销售数据表-分析"中的销售额和销售量字段，增加"平均价格"字段。

```
import pandas as pd
df= pd.read_excel(r'C:\Users\39559\Desktop\合并\销售数据表-分析.xlsx')
df['平均价格'] = df['销售额'] / df['销售量']
print(df)
```

运行结果：

	日期	销售人员	区域	品牌	销售量	销售额	平均价格
0	2024-04-01	陈玲	和平区	OPPO	8	18400	2300.0
1	2024-04-02	钟冶明	皇姑区	三星	11	66000	6000.0
2	2024-04-05	杨婧	皇姑区	OPPO	6	16800	2800.0
3	2024-04-07	宋华	沈河区	苹果	10	50000	5000.0
4	2024-04-09	朱洗	大东区	其他	8	20800	2600.0
5	2024-04-10	杨婧	皇姑区	小米	8	26400	3300.0
6	2024-04-11	张君君	皇姑区	小米	10	55000	5500.0
7	2024-04-12	宋华	大东区	其他	9	21600	2400.0
8	2024-04-13	宋华	皇姑区	其他	11	22000	2000.0
9	2024-04-16	朱洗	皇姑区	华为	6	15000	2500.0
10	2024-04-18	张伟	和平区	华为	4	15200	3800.0
11	2024-04-18	钟冶明	和平区	OPPO	4	11200	2800.0
12	2024-04-19	张伟	于洪区	华为	5	20000	4000.0
13	2024-04-19	杨婧	皇姑区	苹果	6	21000	3500.0

结果表明，系统利用公式"平均价格=销售额/销售量"计算生成一个新的列，并将每条记录的计算结果存储在这个列中。

同样的道理，可以利用其他四则运算来增加新的列。

（二）比较运算

Pandas 支持各种比较运算，如大于、小于等。这些运算可以帮助我们筛选数据或添加逻辑判断到 DataFrame 中。

【**示例 6-41**】根据"销售数据表-分析"中的销售额筛选出销售量大于 10 的商品。

```
import pandas as pd
df= pd.read_excel(r'C:\Users\39559\Desktop\合并\销售数据表-分析.xlsx')
df['高销量'] = df['销售量'] >10
print(df)
```

运行结果：

	日期	销售人员	区域	品牌	销售量	销售额	高销量
0	2024-04-01	陈玲	和平区	OPPO	8	18400	False
1	2024-04-02	钟冶明	皇姑区	三星	11	66000	True
2	2024-04-05	杨婧	皇姑区	OPPO	6	16800	False
3	2024-04-07	宋华	沈河区	苹果	10	50000	False
4	2024-04-09	朱洗	大东区	其他	8	20800	False
5	2024-04-10	杨婧	皇姑区	小米	8	26400	False
6	2024-04-11	张君君	皇姑区	小米	10	55000	False
7	2024-04-12	宋华	大东区	其他	9	21600	False
8	2024-04-13	宋华	皇姑区	其他	11	22000	True
9	2024-04-16	朱洗	皇姑区	华为	6	15000	False
10	2024-04-18	张伟	和平区	华为	4	15200	False
11	2024-04-18	钟冶明	和平区	OPPO	4	11200	False
12	2024-04-19	张伟	于洪区	华为	5	20000	False
13	2024-04-19	杨婧	皇姑区	苹果	6	21000	False

上述结果表明，系统标识出销售量超过 10 的销售数据，并将结果存储在一个新的布尔列"高销量"中。

（三）统计指标计算

Pandas 提供多种统计函数来计算数据集的统计指标，如求和、计数、平均数、最大最小值以及方差和标准差等。

1. 求和

Pandas 中通过 sum()函数计算某一列的总和。

【示例 6-42】根据"销售数据表-分析"计算全部销售数据的销售额总和。

```
import pandas as pd
df= pd.read_excel(r'C:\Users\39559\Desktop\合并\销售数据表-分析.xlsx')
# 求和
sum_result = df['销售额'].sum()
print('销售额总和:', sum_result)
```

运行结果：

销售额总和: 379400

2. 计数

Pandas 中通过 count()函数统计某一列的有效值数量。

【示例 6-43】根据"销售数据表-分析"输出成交总次数。

```
import pandas as pd
df= pd.read_excel(r'C:\Users\39559\Desktop\合并\销售数据表-分析.xlsx')
# 计数
count_result = df['销售额'].count()
print('成交总次数:', count_result)
```

运行结果：

成交总次数: 14

3. 平均数计算

Pandas 中通过 mean()函数计算某一列的平均值。

【示例 6-44】根据"销售数据表-分析"计算销售额的平均值。

```
import pandas as pd
df= pd.read_excel(r'C:\Users\39559\Desktop\合并\销售数据表-分析.xlsx')
# 求平均值
mean_result = df['销售额'].mean()
print('平均销售额:', mean_result)
```

运行结果：

平均销售额: 27100.0

4. 最大（小）值计算

Pandas 中通过 max()和 min()函数得到某一列的最大值和最小值。

【示例 6-45】根据"销售数据表-分析"输出最大销售额和最小销售额。

```
import pandas as pd
df= pd.read_excel(r'C:\Users\39559\Desktop\合并\销售数据表-分析.xlsx')
# 计算最值
```

```
max_result = df['销售额'].max()
min_result = df['销售额'].min()
print('最大销售额:', max_result)
print('最小销售额:', min_result)
```

运行结果：

```
最大销售额: 66000
最小销售额: 11200
```

5. 方差、标准差计算

Pandas 中利用 var() 和 std() 函数计算某一列的方差和标准差。

【示例 6-46】 根据"销售数据表-分析"计算销售额的方差与标准差。

```
import pandas as pd
df= pd.read_excel(r'C:\Users\39559\Desktop\合并\销售数据表-分析.xlsx')
# 计算方差、标准差
var_result = df['销售额'].var()
print('销售额的方差:', var_result)
std_result = df['销售额'].std()
print('销售额的标准差:', std_result)
```

运行结果：

```
销售额的方差: 286361538.46153843
销售额的标准差: 16922.220258037607
```

（四）数据透视

数据透视是数据分析中非常重要的概念，可以帮助我们从不同的角度观察数据，并且快速地进行汇总统计。在 Python 中，Pandas 提供强大的数据透视功能。

数据透视表（Pivot Tables）是一种交互式的表格，可以用于总结、分析、探索和展示数据集的关键特性。它能够对数据进行分组、聚合和重组，从而提供一种简洁的方式来查看数据的结构和趋势。

Pandas 提供一个名为 pivot_table 的方法，可以用来创建数据透视表。其语法结构如下。

```
df.pivot_table(values=None,index=None,columns=None,aggfunc='mean',fill_value=None,
margins=False, dropna=True, margins_name='All')
```

其中，values 表示要聚合的数据列；index 表示作为行标签的列名或列名列表；columns 是作为列标签的列名或列名列表；aggfunc 是聚合函数，可以是字符串（如'mean'、'sum'等），也可以是函数或函数列表；fill_value 是用于填充缺失值的值；margins 如果设置为 True，则会添加所有行或列的总计；dropna 如果设置为 False，则会保留含有 NaN 的行/列；margins_name 用于定义"总计"行/列的名称。

此外，Pandas 还有一个 pivot 方法，但 pivot 没有 pivot_table 那样强大和灵活，因为它不支持聚合函数。

【示例 6-47】 根据"销售数据表-分析"，以"销售量"为数值，以"区域"为行索引，以"销售人员"为列索引，以"求和"为计算方式，生成数据透视表。

```
import pandas as pd
df= pd.read_excel(r'C:\Users\39559\Desktop\合并\销售数据表-分析.xlsx')
# 数据透视
```

```
pivot_table=df.pivot_table(values='销售量', index='区域', columns='销售人员',
aggfunc='sum')
print(pivot_table)
```

运行结果：

销售人员	宋华	张伟	张君君	朱冼	杨婧	钟冶明	陈玲
区域							
于洪区	NaN	5.0	NaN	NaN	NaN	NaN	NaN
和平区	NaN	4.0	NaN	NaN	NaN	4.0	8.0
大东区	9.0	NaN	NaN	8.0	NaN	NaN	NaN
沈河区	10.0	NaN	NaN	NaN	NaN	NaN	NaN
皇姑区	11.0	NaN	10.0	6.0	20.0	11.0	NaN

从运行结果可知，宋华在大东区的销售量为 9 台，在沈河区的销售量为 10 台，在皇姑区的销售量为 11 台；陈玲在和平区的销售量为 8 台，其他地区没有销售记录。

牛刀小试

根据"销售数据表-分析"，以"销售额"为数值，以"品牌"为行索引，以"区域"为列索引，以"平均数"为计算方式，生成数据透视表。

```
import pandas as pd
df= pd.read_excel(r'C:\Users\39559\Desktop\合并\销售数据表-分析.xlsx')
# 数据透视
pivot_table=df.pivot_table(values='销售额', index='品牌', columns='区域', aggfunc=
'mean')
print(pivot_table)
```

运行结果：

区域	于洪区	和平区	大东区	沈河区	皇姑区
品牌					
OPPO	NaN	14800.0	NaN	NaN	16800.0
三星	NaN	NaN	NaN	NaN	66000.0
其他	NaN	NaN	21200.0	NaN	22000.0
华为	20000.0	15200.0	NaN	NaN	15000.0
小米	NaN	NaN	NaN	NaN	40700.0
苹果	NaN	NaN	NaN	50000.0	21000.0

任务三　Matplotlib 应用

一、Matplotlib 认知

Matplotlib 是一个应用广泛的 Python 绘图库，能够创建静态、动态以及交互式的可视化图表，是 Python 数据科学和可视化领域的核心工具之一，适用于各种硬拷贝格式和跨平台的交互式环境，特别是在 Jupyter Notebook 这样的交互式开发环境中，非常实用。

Matplotlib 有着高自由度的定制能力，能够快速、方便地创建各种类型的图表，并对其进行定制和美化。支持创建折线图、柱状图、散点图、直方图、饼图等多种图表类型，并且对几乎所有的图表元素都可以做细致调整。

Matplotlib 是第三方库，使用前要进行安装和导入，代码如下。

```
pip install matplotlib
import matplotlib.pyplot as plt
```

Anaconda 包含许多数据分析和科学计算相关的库，其发行版通常已经预安装了 Matplotlib，因此，在 Jupyter Notebook 中一般不用执行安装操作，直接导入即可使用。

> 📖 **扩展阅读**
>
> ### Matplotlib 与 Pyecharts
>
> Matplotlib 和 Pyecharts 是 Python 中广泛使用的数据可视化库，各有特点和优势，适用于不同的场景和需求。
>
> Matplotlib 是一个功能强大且高度灵活的绘图库，广泛应用于学术界和科研领域。它提供丰富的定制选项，允许用户创建高质量的静态图表，非常适合制作学术论文、科研报告和出版物中的图表。Matplotlib 的灵活性使其能够满足各种绘图需求，从简单的折线图、散点图到复杂的三维图表和统计图表，都能轻松实现。此外，Matplotlib 还支持多种输出格式，如 PNG、PDF、SVG 等，确保图表可以高质量地嵌入各种文档和出版物中。
>
> Pyecharts 是基于百度开源的 JavaScript 图表库 ECharts 的 Python 封装，专为网页和大屏展示设计，在交互性和视觉效果方面表现出色，适用于网络展示或现代感的数据仪表盘制作。Pyecharts 提供丰富的图表类型，包括折线图、柱状图、饼图、散点图、热力图、漏斗图等，支持交互式动态展示和操作，使用户能够更直观地探索和理解数据。此外，Pyecharts 还提供多种主题和样式选项，可以轻松定制图表的外观，使其更加符合现代设计风格和企业品牌形象。
>
> 从应用场景上看，Matplotlib 主要用于学术论文和科研报告。复杂数据分析中，其适用于需要精细调整和有复杂图表的场景，如统计分析、机器学习模型的可视化等；出版物和报告中，其适合制作需要嵌入文档和出版物中的静态图表。
>
> Pyecharts 主要用于网页和大屏展示，由于其出色的交互性和视觉效果，Pyecharts 非常适合制作网页应用、数据仪表盘和用于大屏幕展示。现代数据可视化中，其适用于需要现代感和动态效果的图表，如实时数据监控、用户行为分析等；企业级应用中，其适合企业级数据可视化项目，可以轻松集成到 Web 应用程序中，提供丰富的交互功能和美观的图表。
>
> Matplotlib 和 Pyecharts 各有千秋，选择哪个库取决于具体的项目需求和应用场景。如果需要高度定制的静态图表和高质量的输出，Matplotlib 是较好的选择；如果需要交互性强、视觉效果好的动态图表，特别是用于网页和大屏展示，Pyecharts 更为合适。通过合理选择和使用这两个库，可以大幅提升数据可视化的质量和效果，帮助用户更好地理解和传达数据信息。

二、Matplotlib 图形绘制

（一）绘图基础

Matplotlib 有各式各样的绘图类型和样式可供选择，并且使用简单的代码就能输出这些图形和样式，实现功能性与简易性的完美平衡，好学易用。在采用其进行绘图时，首先要弄清 figure（画布）、axes（坐标系）、axis（坐标轴）以及 artist（艺术家对象）等基础概念。

figure 代表整个绘图区域，是所有绘图元素的容器；axes 代表坐标系，每个 axes 代表一个独立的图表，包含 x 轴、y 轴、刻度、标签等，可以有多个 axes 存在于一个 figure 中；而 axis 是构成 axes 的一部分，分为 x 轴和 y 轴，负责显示数据的范围和刻度；artist 称为"艺术

家对象"，指 Matplotlib 中的所有可视化元素，如线条、文本、标记、图像等，这些对象共同构成图表的内容。

上述绘图基础概念示意图如图 6-1 所示。

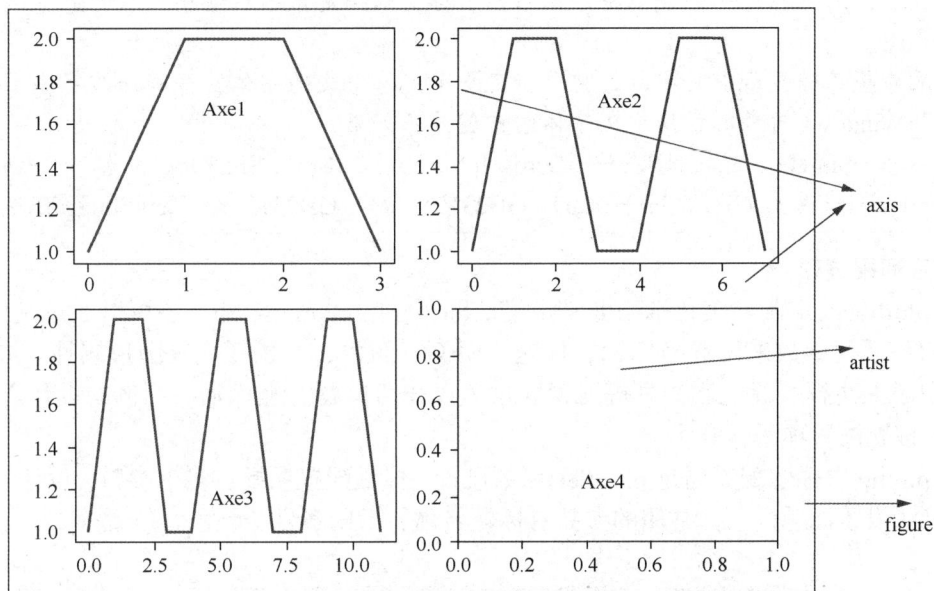

图 6-1 绘图基础概念示意图

（二）配置项

配置项指用于控制图表各个方面外观和行为的一系列可自定义的设置。Matplotlib 提供丰富的配置项来控制图表的外观，分为全局配置和针对特定图表元素（如线条、标记、文字等）的系列配置。

1. 全局配置项

绘图时，通过全局配置项来统一设定图表的风格和外观，从而保证所有图表具有一致的视觉效果。Matplotlib 的全局配置项非常丰富，包括画布大小、字体、字号、背景色等，通过字典 plt.rcParams 进行参数配置。

plt.rcParams 是设置 Matplotlib 图形所有默认参数的字典。根据 Matplotlib 版本和使用的配置文件的不同，图形默认的各项参数也不相同，实际应用中可以通过 "print(plt.rcParams)" 语句在编程环境中进行查看。

全局配置项的定制过程就是修改 plt.rcParams 默认参数的过程。可以通过赋值的方式进行，其语法结构相当于修改字典的键-值对，具体操作参照示例 6-48。

【示例 6-48】设置全局配置项。

```
import matplotlib.pyplot as plt
plt.rcParams['figure.figsize'] = (12, 8)            # 设置画布大小，单位为英寸
plt.rcParams['font.family'] = 'Microsoft YaHei'     # 设置全局字体为"微软雅黑"
plt.rcParams['font.size'] = 14                       # 设置全局字体大小为14
plt.rcParams['lines.linewidth'] = 2                  # 设置线条宽度为2
plt.rcParams['figure.facecolor'] = 'white'           # 设置背景色为白色
```

font.family

在 Matplotlib 中，font.family 是一个配置参数，用于设定图形中所有文本的默认字体族。这个参数允许用户指定一个或多个字体系列名称，以确定系统在渲染文本时应首选或依次尝试的字体。

如果希望正确显示中文字符，需要指定一个支持中文的字体，并确保该字体已安装在系统中。Windows 自带的常用中文字体的中英对照如下。

黑体——SimHei、微软雅黑——Microsoft YaHei、宋体——SimSun、仿宋——FangSong、楷体——KaiTi、楷体_GB2312——KaiTi_GB2312、仿宋_GB2312——FangSong_GB2312 等。

2. 系列配置项

Matplotlib 的定制和美化选项非常丰富。除了 plt.rcParams 外，还可以通过其他以 plt. 为前缀的一系列函数来设置坐标轴、标题、图例、颜色、线条样式等图形属性。同时支持在图表中添加注释、标记和文本等元素。这里仅介绍标题、坐标轴、图例的设计。

（1）标题配置项。

Matplotlib 中标题配置通过 plt.title() 函数设置。标题配置项提供多个参数，设计者可以根据需求灵活设置标题样式，常用的参数有标题名称、标题字号、颜色、位置等，其语法结构如下。

```
plt.title(label,fontdict=None,loc='center',pad=None,kwargs)
```

其中，label 表示要设置为图表标题的文字内容；fontdict 为可选参数，用于自定义字体大小（fontsize）、字体家族（fontfamily）、字体样式（fontstyle）等。loc 也是可选参数，用于指定标题的位置，默认为"center"，还可设置为"left"或"right"；pad 也是可选参数，用于设置标题与图表内容之间的距离；kwargs 为其他关键字参数。

（2）坐标轴配置项。

坐标轴配置项通过 plt.xlabel() 设置 x 轴的标签文本，通过 plt.ylabel() 设置 y 轴的标签文本。常用的参数为坐标轴名称、字体、字号、标签位置等。

```
plt.xlabel('文本内容',fontdict=None,labelpad=None, kwargs)
plt.ylabel('文本内容',fontdict=None,labelpad=None, kwargs)
```

文本内容为必需参数，表示 x 轴（y 轴）标签的具体文本内容；labelpad 为可选参数，表示 x 轴（y 轴）标签与 x 轴（y 轴）之间的距离（以点为单位）。默认值取决于 rcParams 的设置。其他参数意义同上。

（3）图例配置项。

图例配置项通过 plt.legend() 函数设置。常用的参数为图例标签、位置、字体字号、有无边框等。

```
plt.legend(loc='upper left',fontdict=None,frameon=False,title='LegendTitle')
```

其中，loc='upper left' 表示图例的位置在图表的左上角，该参数可以接受许多预定义的字符串值（如"best""lower right"等）或特定的整数坐标；frameon=False 用于控制图例周围是否显示边框，当设置为 False 时，图例将不带边框。title='LegendTitle' 用于给图例添加标题，标题文本"LegendTitle"可根据需要修改。

此外，plt.grid() 用于设置图形网格，plt.show() 用于显示图表，这里不再赘述。

【示例 6-49】设置标题名称为"图表标题",字号为 20,颜色为蓝色,加粗,位置靠左,其他参数默认;设置 *x* 轴名称为"分类",*y* 轴名称为"数量";设置图例名称为"图例",位置在右下角,无边框。

```
import matplotlib.pyplot as plt
# 设置标题
plt.title('图表标题', fontsize=20, color='blue', fontweight='bold',loc='left')
plt.xlabel('分类')                                    # 设置 x 轴名称
plt.ylabel('数量')                                    # 设置 y 轴名称
plt.legend(loc='lower right',frameon=False,title='图例')  # 添加图例
```

运行结果:

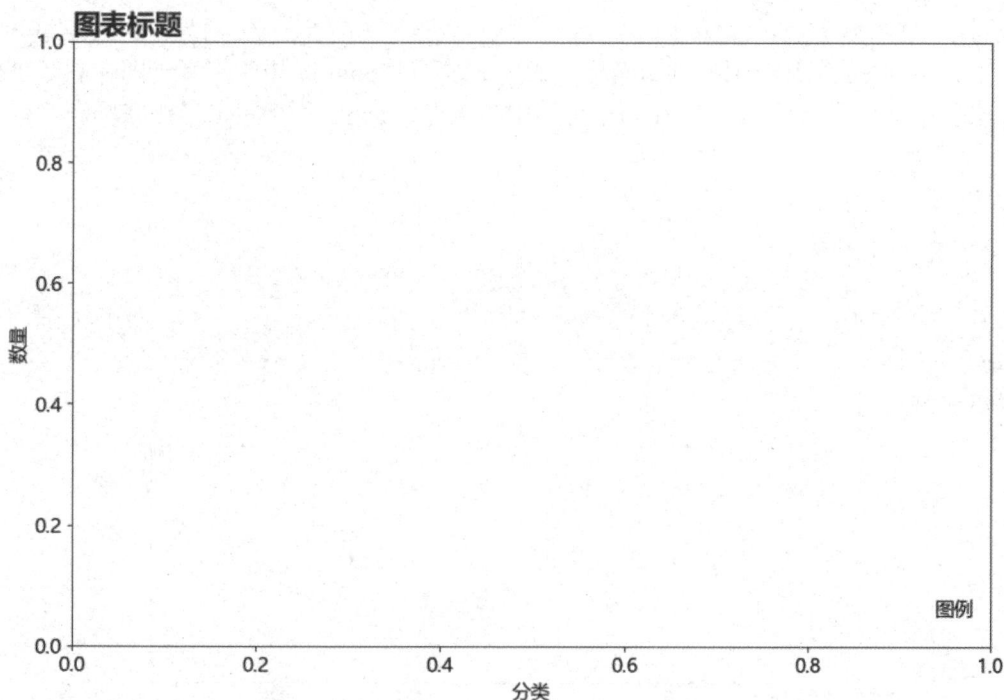

运行上述代码同时会出现警告"No artists with labels found to put in legend.",这意味着在调用 plt.legend()时没有提供任何有标签的数据系列。

在 Matplotlib 中,图例通常是由带有标签(label)的不同"艺术家对象"(如线条、散点、条形等)自动创建的。

(三)画布布局

1. 创建画布与设置子区域

使用 plt.figure()函数创建画布,使用 add_axes()函数设置子区域。

(1)plt.figure()函数。

plt.figure()函数创建的是一个全图绘制区域,也就是画布。

此函数的语法规则如下。

```
plt.figure(num,figsize(x,y),facecolor,edgecolor)
```

其中，num 是画布的唯一标识符，可以理解为画布编号，默认参数值为 None，系统自动编号；figsize(x,y)用于指定画布的长度和宽度（以英寸为单位），默认参数值为(6.4,4.8)；facecolor 用于指定画布的背景颜色，默认参数值为"White"；edgecolor 用于指定画布的边框颜色，默认参数值为"White"。

此处，我们没有设置 plt.figure()函数的其他参数，画布是基于函数的默认参数值生成的。但是，在其他应用场景中我们可以对 plt.figure()函数进行相关参数的设置。

基于 fig=plt.figure()语句，一个变量名为 fig 的画布对象创建完毕。

（2）add_axes()函数。

接下来，可以在画布上添加坐标系，即创建 axes 对象，使用到的是 add_axes()函数。其语法规则如下。

```
add_axes(left,bottom,width,height)
```

其中，left 用于定义子图在画布坐标中的 x 轴位置；bottom 用于定义子图在画布坐标中的 y 轴位置；width 用于定义子图在画布坐标中的宽度；height 用于定义子图在画布坐标中的高度。

2. 创建子图对象

【示例 6-50】创建子图。

```
mport matplotlib.pyplot as plt
fig=plt.figure()
ax1= fig.add_axes([0.1,0.6,1,0.5])
ax2=fig.add_axes([0,0,1,0.5])
```

运行结果：

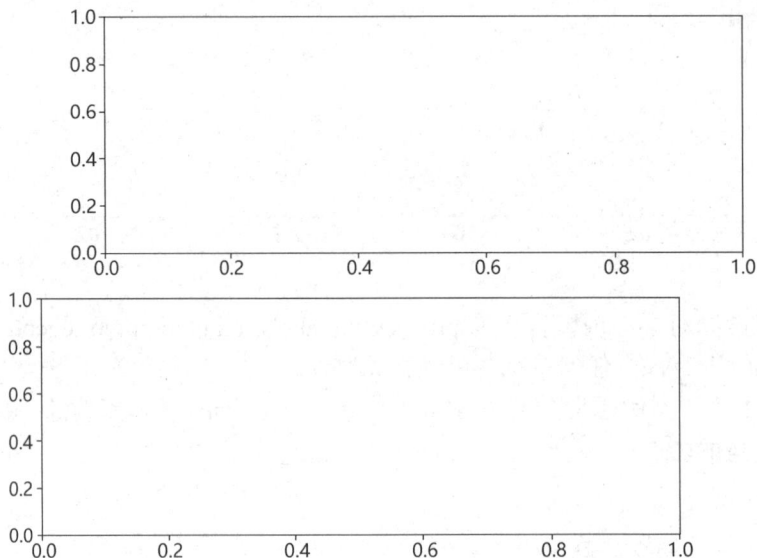

语句"ax1=fig.add_axes([0.1,0.6,1,0.5])"表示子图 ax1 从距离画布最左侧 10%的宽度处，及距离画布最底端 60%的高度处开始绘制，也就是该子图的原点位于画布 x 轴坐标 0.1、y 轴坐标 0.6 的位置上。且子图的宽度为 1、高度为 0.5。

语句"ax2=fig.add_axes([0,0,1,0.5])"表示子图 ax2 从距离画布最左侧和最底端开始绘制，也就是该子图的原点位于画布 x 轴坐标 0、y 轴坐标 0 的位置，此时该子图的原点与画布坐标的原点处于同一位置。且子图的宽度为 1、高度为 0.5。

认识了 axes 对象之后，再来了解一下 axes 对象中的一类特殊对象 subplot。subplot 只能按照 *n* 行 *n* 列的顺序进行规则排列，无法随意地分布在画布中的任意位置。创建 subplot 可以采取不同的方式。

第一种方式是在画布对象上添加 subplot，使用的函数是 fig.add_subplot()。第二种方式是使用 plt.subplot() 函数在全局绘图区域中创建子图对象。第三种方式是使用 plt.subplots() 函数在全局绘图区域中创建子图对象。在这里，我们只介绍第二种和第三种方式。

（1）plt.subplot() 函数。

plt.subplot() 函数的语法规则如下。

```
plt.subplot(nrows,ncols,index)
```

其中，nrows 和 ncols 代表将画布划分为 nrows 行和 ncols 列的网格区域；index 代表的是索引，指定当前对象位于画布中的哪一个子图，索引由左上角的子图开始计数（左上角子图索引值为 1），以此类推。

【示例 6-51】plt.subplot() 函数创建子图。

```
import matplotlib.pyplot as plt
plt.figure()
a =[1,2,2,1]
# 在 2×2 区域中的第 1 个子区域画图，连接点(0,1)、点(1,2)、点(2,2)和点(3,1)
plt.subplot(2,2,1).plot (a)
# 在 2×2 区域中的第 2 个子区域画图，连接点(0,1)、点(1,2)、点(2,2)、点(3,1)、点(4,1)、点(5,2)、
点(6,2)和点(7,1)
plt.subplot(2,2,2).plot (2×a)
# 在 2×2 区域中的第 3 个子区域画图，连接点(0,1)、点(1,2)、点(2,2)、点(3,1)、点(4,1)、点(5,2)、
点(6,2)、点(7,1)、点(8,1)、点(9,2)、点 (10,2)、点(11,1)
plt.subplot(2,2,3).plot (3×a)
# 设置 2×2 区域的中的第 4 个子区域，但并不画图
plt.subplot(2,2,4)
```

运行结果：

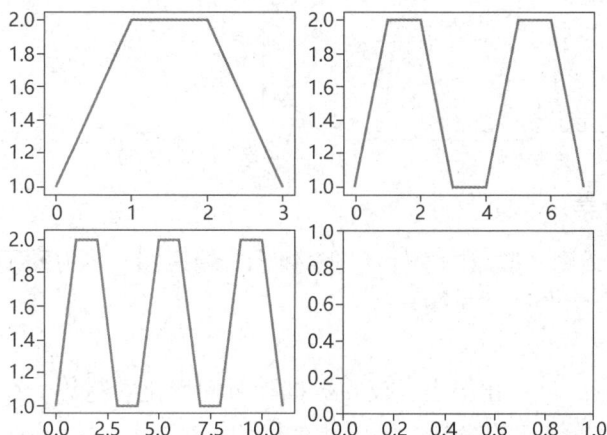

（2）plt.subplots() 函数。

plt.subplots() 函数的语法规则如下。

```
plt.subplots(nrows,ncols)
```

其中，nrows 和 ncols 代表将画布划分为 nrows 行和 ncols 列的网格区域。

使用 plt.subplots()函数进行子图绘制时，示例代码与运行结果见示例 6-52。

使用 plt.subplots()函数创建的图形和用 plt.subplot()函数创建的图形没有差异，但是实现方式不同。语句 fig,ax=plt.subplots(2,2)意味着创建一个画布，并将其划分为两行两列的网格区域，与 plt.subplot()函数有所区别的是，plt.subplots()函数中没有 index 参数，无法指定当前绘制的子图对象，创建的 axes 对象是子图的集合，后续可以使用切片形式索引到具体的每一个区域，如 ax[0,0]代表的是第 0 行第 0 列的子区域，即在 plt.subplot()函数中 index=1 的区域。

【示例 6-52】plt.subplots()函数创建子图。

```python
import matplotlib.pyplot as plt
a =[1,2,1,1]
fig, ax = plt.subplots (2,2)        #创建了一个画布，并将其划分为两行两列的网格区域
ax [0,0].plot(a)                    # 在 2×2 区域中的第一个子区域画图
ax [0,1].plot(2*a)                  # 在 2×2 区域中的第二个子区域画图
ax[1,0].plot(3*a)                   # 在 2×2 区域中的第三个子区域画图
```

运行结果：

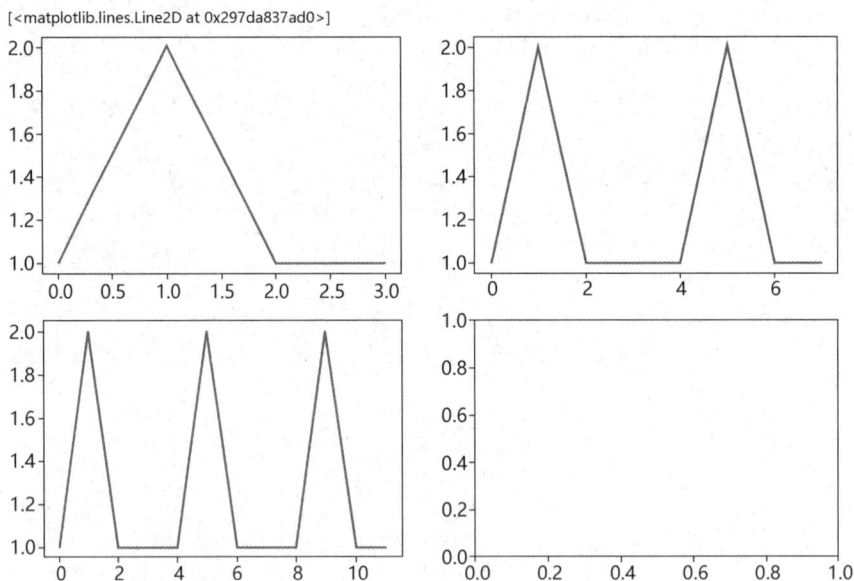

（四）各类型图表绘制

Matplotlib 支持折线图、散点图、柱状图、饼图、箱线图、热力图及三维图等多种图，并且高度可定制。下面介绍 4 种常见图。

1. 折线图

折线图是一种常用的可视化图表，反映数据随时间变化的趋势。在 Matplotlib 中，可以使用 plt.plot()函数进行折线图的绘制，其语法结构如下。

```python
plt.plot(x,y,fmt)
```

其中，x、y 为数据点所在的水平坐标和垂直坐标；fmt 为格式字符串，用来设定 marker（标记点）、linestyle（线型）和 color（颜色）参数。常见 fmt 参数值如表 6-1 至表 6-3 所示。

表 6-1　　　　　　　　　　　　　　　　　marker 参数值

参数值	图形	描述	参数值	图形	描述
"."	•	点	"*"	★	星号
"o"	●	实心圆	"h"	⬢	六边形 1
"s"	■	正方形	"H"	⬣	六边形 2
"∨"	▼	下三角	"+"	+	加号
"∧"	▲	上三角	"x"	×	乘号×
"<"	◄	左三角	"x"	✖	乘号×（填充）
">"	►	右三角	"D"	◆	菱形
"p"	⬟	五边形	"d"	◆	瘦菱形
"P"	✚	加号（填充）			

表 6-2　　　　　　　　　　　　　　　　　linestyle 参数值

参数值	图形	描述
'solid'（默认）	'-'	实线
'dotted'	':'	点虚线
'dashed'	'--'	破折线
'dashdot'	'-.'	点划线

表 6-3　　　　　　　　　　　　　　　　　color 参数值

参数值	描述	参数值	描述
'b'	蓝色	'c'	青色
'r'	红色	'm'	品红
'g'	绿色	'darkblue'	深蓝
'y'	黄色	'lightgreen'	浅绿
'k'	黑色	'salmon'	鲑鱼粉
'w'	白色	'plum'	洋李紫

2. 散点图

使用 pyplot 中的 scatter() 函数绘制散点图，其语法格式如下。

```
plt.scatter(x, y, s=None, c=None, marker=None)
```

其中，x、y 为必需项，表示绘制散点图的数据点；s 为可选参数，表示点的大小，默认值为 20，也可以指定为数组，数组中的每个数值表示对应点的大小；c 表示点的颜色，默认为蓝色'b'；marker 表示点的样式，默认为小圆点。

【示例 6-53】读取电脑桌面上的"绘图数据"，绘制广告投入与销售收入散点图。

```
import pandas as pd                        # 导入 pandas 模块
import matplotlib.pyplot as plt            # 导入 Matplotlib
# 读入数据
df= pd.read_excel(r'C:\Users\39559\Desktop\绘图数据.xlsx', sheet_name='广告与销售')
```

```
plt.figure(figsize=(10, 6))                    # 设置画布大小
# 绘制散点图
plt.scatter(df['广告投入/元'], df['销售收入/元'], color='red', label='广告投入 vs 销售收入')
plt.title('广告投入与销售收入散点图')                  # 添加标题
plt.xlabel('广告投入/元')                         # 添加 x 轴标签
plt.ylabel('销售收入/元')                         # 添加 y 轴标签
plt.grid(True, linestyle='--', alpha=0.5)# 添加网格线
plt.legend()                                   # 添加图例
plt.show()                                     # 显示图表
```

运行结果：

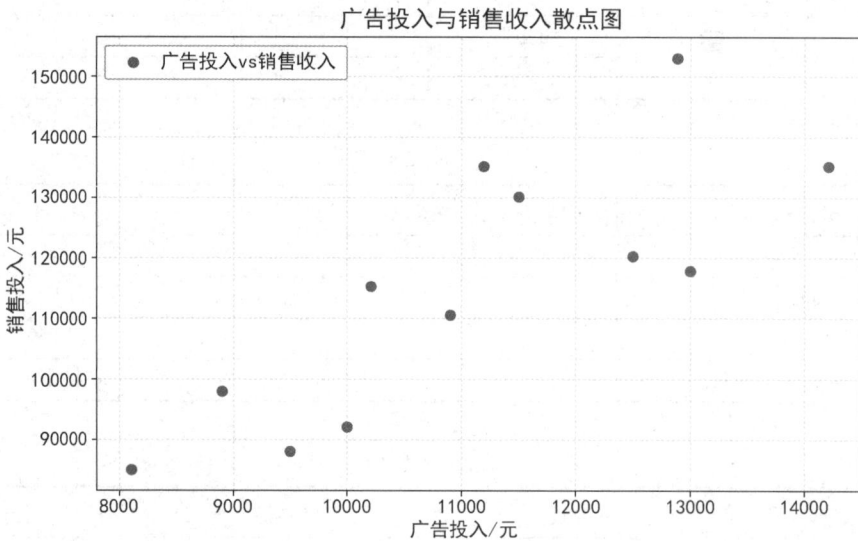

广告投入与销售收入散点图

3. 柱状图

柱状图使用 pyplot 中的 bar()函数来绘制，其语法格式如下。

```
plt.bar(x,height,width=0.8,color=color)
```

其中，x 为必需参数，用来定义柱形的位置，是一个数组或序列，这些位置通常是分类变量；height 为必需参数，用来定义柱形的高度，也是一个数组或序列；width 为可选参数，用来定义柱形的绝对宽度，默认值为 0.8；color 为可选参数，用来定义柱形的颜色，可以设定单一颜色，也可为每个柱形设定不同的颜色，通过传递颜色列表来实现。

条形图使用 barh()函数绘制，参数与 bar()函数的相似，这里不再详细说明。

4. 饼图

饼图常用来反映部分数据占总体的比重。Matplotlib 中使用 pie()函数绘制饼图。其语法结构如下。

```
plt.pie(sizes,labels=labels,autopct='%1.1f%%',startangle=140)
```

其中，sizes 是必需参数，是包含各部分数值大小的列表或数组，这些数值会被转换成饼图中各个扇形的面积，表示每个类别所占的比例；labels 是可选参数，对应各部分的标签，默认不显示标签；autopct 也是可选参数，用来自动计算百分比并显示，"%1.1f%%"表示百分比保留一位小数，默认不显示百分比；startangle 也是可选参数，用于设定饼图的初始角度，默认为 0°。

【示例 6-54】读取计算机桌面上的"绘图数据"，绘制管理费用饼图。

```python
import pandas as pd                      # 导入 pandas 模块
import matplotlib.pyplot as plt          # 导入 Matplotlib
# 导入数据
df = pd.read_excel(r'C:\Users\39559\Desktop\绘图数据.xlsx', sheet_name='管理费用统计')
values = df['支出金额/元' ]               # 获取饼图的数据
labels = df['费用项目']                    # 获取饼图标签
# 绘制饼图
plt.figure(figsize=(12, 8))              # 设定画布尺寸
plt.pie(values,labels=labels,autopct='%1.1f%%',startangle=140,
colors=['skyblue','salmon','lightgreen','r','plum','y'], # 设置各部分颜色
# pctdistance 用来控制百分比标签与中心的距离，labeldistance 用来控制数据标签与中心的距离
pctdistance=0.6, labeldistance=1)
plt.title('管理费用饼图')                  # 设置饼图标题
plt.axis('equal')                        # 使饼图保持圆形
plt.legend()                             # 添加图例
plt.show()                               # 显示图形
```

运行结果：

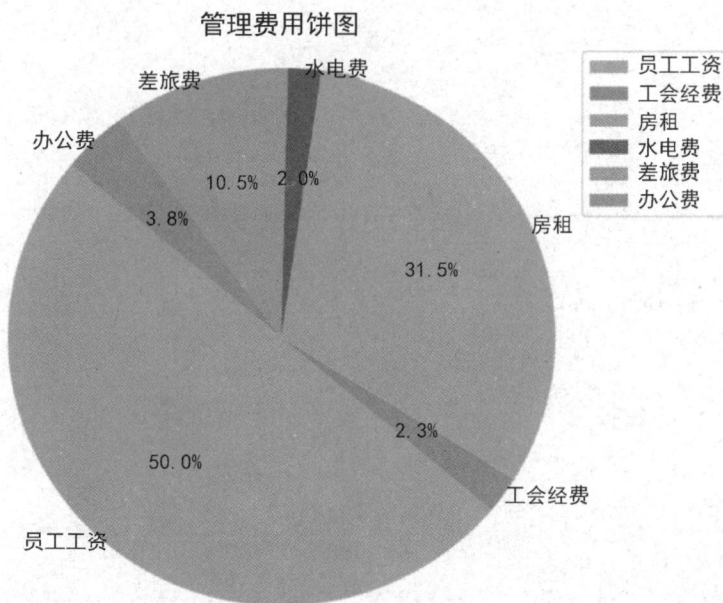

管理费用饼图

注：因小数位四舍五入，导致结果总和存在 0.01% 的误差，不影响分析结果，下文同。

在使用 Matplotlib 等库生成包含中文文本的图表时，默认字体不支持汉字。在没有运行过字体设置程序之前，图表生成会出错。此时，可在用户的 Python 脚本或 Jupyter Notebook 的开头，添加如下代码来配置 Matplotlib 使用中文字体。

```python
# 设置matplotlib 使用中文显示
plt.rcParams['font.sans-serif'] = ['SimHei']  # 使用黑体显示中文
plt.rcParams['axes.unicode_minus'] = False    # 正常显示负号
```

职场新动态

绘制漏斗图

漏斗图是一种直观展示业务流程中各阶段转化率和流失率的图表，用于业务流程较长、环节较多、周期较长的单流程单向分析，广泛应用于市场营销、用户行为分析和产品优化等领域。漏斗图用梯形（或三角形）面积表示某个环节业务量与上一个环节业务量之间的差异，从上到下展示业务流程的推进和目标完成情况。以电商转化数据为例，绘制漏斗图的代码及结果如下。

```python
import matplotlib.pyplot as plt
import numpy as np
# 基础数据
stages = ['访问', '加入购物车', '开始结算', '提交订单', '完成支付']
conversion = [10000, 6000, 3000, 1500, 800]  # 每个阶段的用户数量
# 反转数据顺序以实现倒置漏斗
stages = stages[::-1]
conversion = conversion[::-1]
# 计算漏斗的宽度比例
max_val = max(conversion)
widths = [val/max_val for val in conversion]
# 创建较小尺寸的图形
fig, ax = plt.subplots(figsize=(8, 6))
# 颜色设置
colors = plt.cm.Blues(np.linspace(0.3, 1, len(stages)))[::-1]  # 反转颜色顺序
# 绘制漏斗图
y_pos = 0
for i, (stage, value, width) in enumerate(zip(stages, conversion, widths)):
    # 计算梯形坐标（漏斗）
    if i < len(widths) - 1:
        # 梯形（有上底和下底）
        next_width = widths[i+1]
        x = [(1 - width)/2, (1 - width)/2 + width,
             (1 - next_width)/2 + next_width,
             (1 - next_width)/2]
    else:
        # 最后一个阶段是矩形
        x = [(1 - width)/2, (1 - width)/2 + width,
             (1 - width)/2 + width,
             (1 - width)/2]
    y = [y_pos, y_pos, y_pos + 1, y_pos + 1]
    ax.fill(x, y, color=colors[i])
    # 添加数据标签
    ax.text(0.5, y_pos + 0.5, f'{stage}\n{value}',
            ha='center', va='center', fontsize=10,
            color='white' if colors[i].mean() < 0.6 else 'black')
    y_pos += 1
# 添加转化率标签
for i in range(1, len(conversion)):
    # 计算转化率：从上一阶段到当前阶段的转化率
    rate = conversion[i-1] / conversion[i] * 100
    ax.text(0.5, i - 0.2, f'{rate:.1f}% ↓',
```

```
                        ha='center', fontsize=9, color='white', weight='bold')
# 设置图表属性
ax.set_title('电商转化漏斗', fontsize=14, pad=15)
ax.set_xlim(0, 1)
ax.set_ylim(0, len(stages))
ax.axis('off')  # 隐藏坐标轴
# 添加图例（放在图形内部以节省空间）
from matplotlib.patches import Patch
legend_elements = [Patch(facecolor=color, label=stage)
                   for color, stage in zip(colors, stages)]
ax.legend(handles=legend_elements, loc='upper right', fontsize=9)
plt.tight_layout()
plt.show()
```

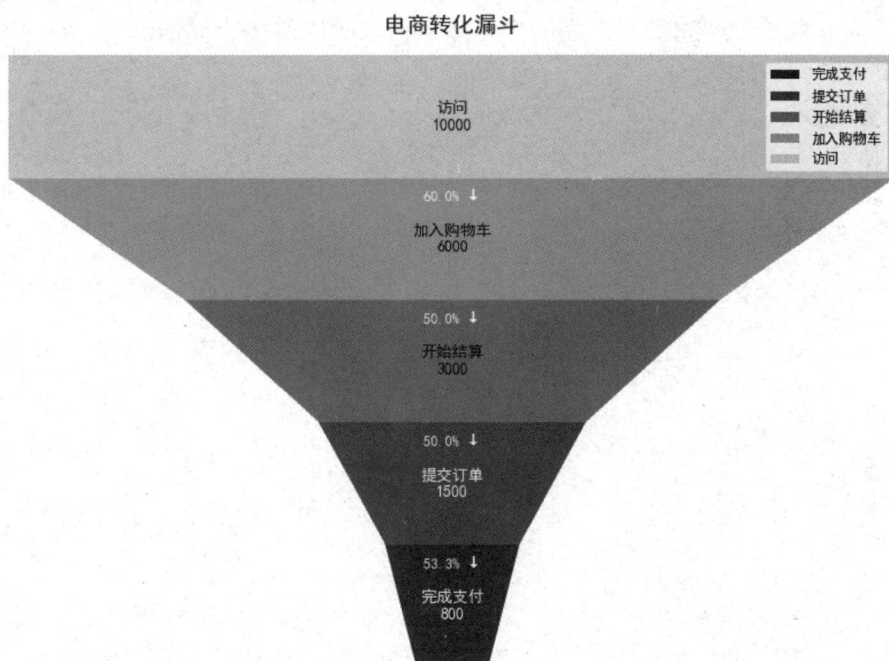

电商转化漏斗

通过漏斗图，分析师等相关人员可以清晰地看到每个阶段的业务数据，从而优化业务流程，提高转化率，减少业务流失。使用 Python 可以轻松绘制和分析漏斗图，帮助决策者做出更明智的决策。

综合应用案例1　客户行为分析

【任务背景】

客户行为分析是市场营销和客户关系管理中的重要环节，旨在通过分析客户的购买行为、偏好和互动模式，优化营销策略，提升客户满意度和忠诚度。

Python 在客户行为分析方面提供强大的功能。利用 Python 可以进行多维度的数据收集与分析，实现有关购买行为、客户细分、客户忠诚度、客户满意度等的分析与预测，帮助企业深入了解客户，从而获得更高的市场份额和盈利能力。

【任务要求】

ABC 公司根据在线平台的销售数据分析客户的购物行为，了解哪些产品最受欢迎，以及哪些促销活动最有效。完成下述操作。

（1）数据加载。

（2）数据预处理：检查并处理缺失值；创建一个新列"总金额"，表示每位客户的总购买金额（假设所有产品的单价相同，均为 10 美元）。

（3）数据探索：找出最畅销的产品，评估每个促销活动的效果，按季度统计每个客户的总购买金额。

（4）数据合并：加载 product_info.xlsx 文件，该文件包含每个产品的详细信息，将客户购买记录与产品信息合并，以获取每个产品的详细信息。

（5）数据可视化：绘制每个产品的销售数量柱状图以及每个促销活动的销售效果饼图。

视频讲解

客户行为分析

【实施要点】

相关代码如下。

```python
# 导入 Pandas
import pandas as pd
# 导入 Matplotlib
import matplotlib.pyplot as plt
# 导入 font_manager 模块
import matplotlib.font_manager as fm

# 设置中文字体
font_path = 'C:\\Windows\\Fonts\\simhei.ttf'          # 系统中 SimHei 字体的路径
prop = fm.FontProperties(fname=font_path)

# 设置 Matplotlib 使用的字体
plt.rcParams['font.sans-serif'] = ['SimHei']          # 用来正常显示中文标签
plt.rcParams['axes.unicode_minus'] = False            # 用来正常显示负号

# 加载数据
customer_df = pd.read_excel(r'C:\Users\39559\Desktop\合并\客户行为数据.xlsx')
product_df = pd.read_excel(r'C:\Users\39559\Desktop\合并\产品数据.xlsx')
# 检查列名
print(customer_df.columns)
# 检查缺失值
print(customer_df.isnull().sum())
# 处理缺失值
customer_df.dropna(inplace=True)
# 创建新列总金额
customer_df['总金额'] = customer_df['采购数量'] * 10
# 找出最畅销的产品
top_product = customer_df.groupby('产品名称')['采购数量'].sum().idxmax()
print(f'最畅销的产品是：{top_product}\n')

# 统计每个促销活动的效果
```

```
promotion_effect = customer_df.groupby('促销活动编号')['采购数量'].sum()
print(f'每个促销活动效果：{promotion_effect}\n')
# 按季度统计每个客户的总购买金额
quarterly_purchases = customer_df.set_index('采购日期').resample('Q')['总金额'].sum()
print(f'每个客户每季度购买金额：{quarterly_purchases}\n')
# 将客户购买记录与产品信息合并
merged_df = pd.merge(customer_df, product_df, on='产品名称', how='left')
print(f'合并后购买记录：{merged_df}\n')
# 绘制每个产品的销售数量柱状图
customer_df.groupby('产品名称')['采购数量'].sum().plot(kind='bar', title='Product
Sales')
plt.xlabel('产品名称')
plt.ylabel('采购数量')
plt.show()

# 绘制每个促销活动的销售效果饼图
promotion_effect.plot(kind='pie', autopct='%1.1f%%', title='促销活动影响')
plt.ylabel('')
plt.show()
```

【运行结果】

```
Index(['客户ID', '客户地域', '产品名称', '采购数量', '采购日期', '促销活动编号'], dtype='object')
客户ID        0
客户地域       2
产品名称       0
采购数量       0
采购日期       0
促销活动编号     0
dtype: int64
最畅销的产品是：WidgetB

每个促销活动效果：促销活动编号
PROMO10    91
PROMO15    25
PROMO20    71
Name: 采购数量, dtype: int64

每个客户每季度购买金额：采购日期
2024-03-31    1560
2024-06-30     310
Freq: Q-DEC, Name: 总金额, dtype: int64
```

```
合并后购买记录：          客户ID 客户地域   产品名称  采购数量     采购日期   促销活动编号  总金额     类别      供应商
0    英半elie8  河南  WidgetA    20 2024-01-01 PROMO10  200   Tools  SupplierX
1    妙之ein   河南  WidgetB    11 2024-01-02 PROMO20  110 Gadgets  SupplierY
2    柳妍y74  天津  WidgetC    13 2024-01-15 PROMO10  130   Tools  SupplierZ
3    雨more31 浙江  WidgetD     5 2024-01-21 PROMO15   50 Gadgets  SupplierX
4    nlov5  四川  WidgetB     7 2024-01-06 PROMO20   70 Gadgets  SupplierY
5    童书ores 天津  WidgetC    12 2024-04-07 PROMO10  120   Tools  SupplierZ
6    怡畅Ifi  河南  WidgetD    20 2024-01-08 PROMO15  200 Gadgets  SupplierX
7    千风eint130 天津 WidgetA   30 2024-01-09 PROMO10  300   Tools  SupplierX
8    12梅珊anyt 浙江 WidgetB   50 2024-01-10 PROMO20  500 Gadgets  SupplierY
9    柳颜mesa96 广东 WidgetC    6 2024-04-11 PROMO10   60   Tools  SupplierZ
10   梅夜ntoa 广东  WidgetA    10 2024-04-13 PROMO10  100   Tools  SupplierX
11   315小霞gob 四川 WidgetB    3 2024-04-24 PROMO20   30 Gadgets  SupplierY
```

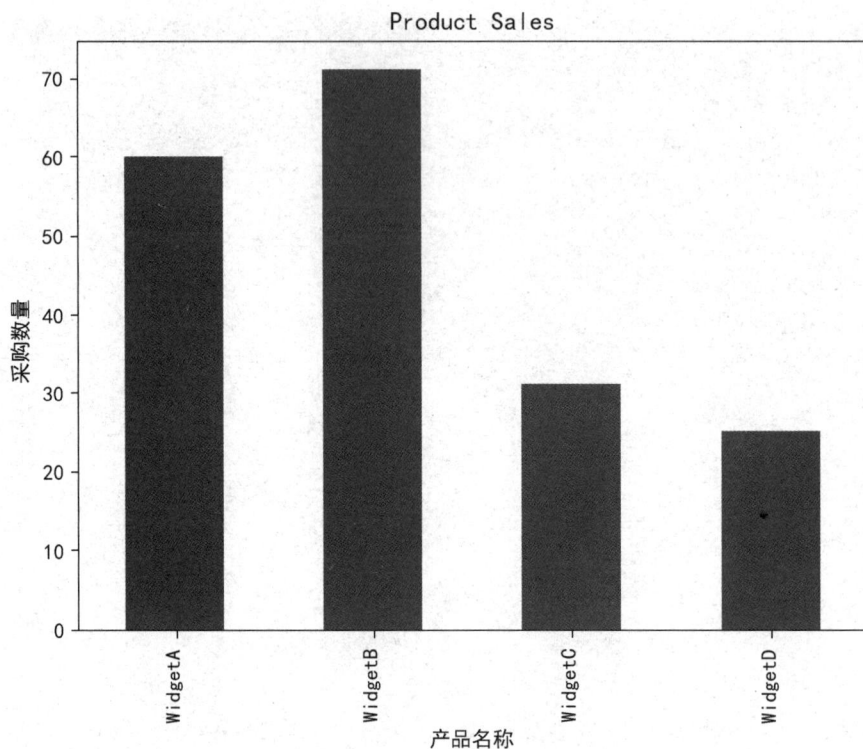

Product Sales

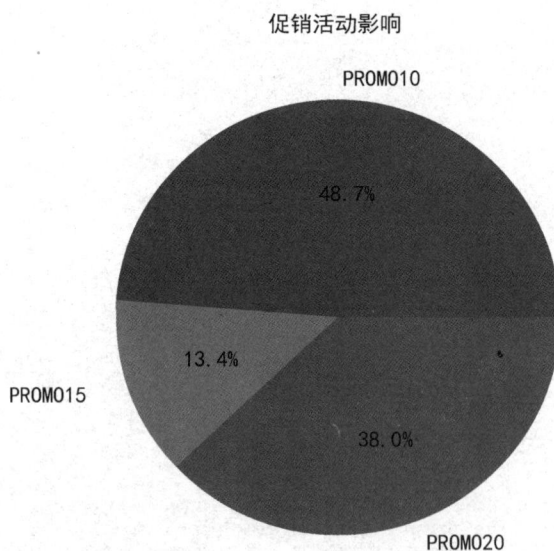

促销活动影响

综合应用案例 2　销售数据可视化

【任务背景】

销售活动是企业收入的主要来源。销售数据分析与可视化操作能帮助企业了解市场需求、优化产品和服务、提升品牌知名度和客户满意度，在企业管理和决策中具有重要的意义。

销售数据可视化通过直观的图表将复杂的销售数据转化为易于理解的信息，帮助管理者和团队成员快速洞察市场趋势、识别问题并抓住机会，从而做出更明智的决策。

【任务要求】

康乐公司 2024 年产品销售收入情况如表 6-4 所示。创建一张画布，添加 2 个子图，分别绘制折线图、双向条形图。

表 6-4　　　　　　　　　康乐公司 2024 年产品销售收入情况

月份	多能炊煮机/万元	智能早餐大师/万元	无忧早餐机/万元
1 月	415	388	229
2 月	345	298	145
3 月	195	128	65
4 月	227	134	85
5 月	182	124	50
6 月	160	145	72
7 月	175	141	81
8 月	198	148	77
9 月	232	119	60
10 月	199	136	57
11 月	320	185	86
12 月	560	406	196

【实施要点】

相关代码如下。

```python
# 导入 Pandas
import pandas as pd
# 导入 Matplotlib
import matplotlib.pyplot as plt
# 设置中文字体和负数显示问题
plt.rcParams['font.sans-serif'] = ['SimHei']        # 设置中文字体为黑体
plt.rcParams['axes.unicode_minus'] = False          # 设置负数显示问题
# 导入销售收入数据
df = pd.read_excel(r'C:\Users\39559\Desktop\早餐机.xlsx')
# 设置子区域绘图，将区域划分为 2×1。
plt.clf()                                  # 清除当前画布，避免之前绘制的内容影响到新的图表
fig = plt.figure(figsize=(10, 8))          # 创建一个新的画布
ax = fig.subplots(2,1) # 在刚创建的画布上添加子图，并将子图组成一个 2 行 1 列的网格
# 第一个子区域将多能炊煮机和智能早餐大师对比绘制为双向条形图，并设置标题为"双向条形图"
# 根据"多能炊煮机"列数据在子图 ax[0] 上绘制正向条形图，颜色为天蓝色
ax[0].barh(df['月份'],df['多能炊煮机'],facecolor='skyblue')
# 根据"智能早餐大师"列数在子图 ax[0] 上绘制负向条形图，颜色为鲑鱼粉色
ax[0].barh(df['月份'],-df['智能早餐大师'],facecolor='salmon')
ax[0].set_title('双向条形图')              # 为子图 ax[0] 设置标题"双向条形图"
# 第二个子区域绘制 3 种类型早餐机的销售收入折线图，并设置标题为"销售额折线图"
# 绘制多能炊煮机的折线图
ax[1].plot(df['月份'], df['多能炊煮机'], marker='o', label='多能炊煮机')
```

```
# 绘制智能早餐大师的折线图
ax[1].plot(df['月份'], df['智能早餐大师'], marker='s', label='智能早餐大师')
# 绘制无忧早餐机的折线图
ax[1].plot(df['月份'], df['无忧早餐机'], marker='^', label='无忧早餐机')
ax[1].set_title('销售额折线图')
plt.show()
```

【说明】fig.subplots(nrows=m,ncols=n)是 Matplotlib 中非常实用的函数，用于创建具有 m ×n 个子图（axes）的图像布局。相比于单独创建每个子图更简洁高效。

ax[0]指的是一个 axes 对象的子图索引为 0 的位置；ax[0].barh()用于在该子图的位置绘制条形图；ax[1].plot()用于在索引为 1 的子图位置绘制折线图；ax[0].set_title()函数用于给子图命名。

【运行结果】

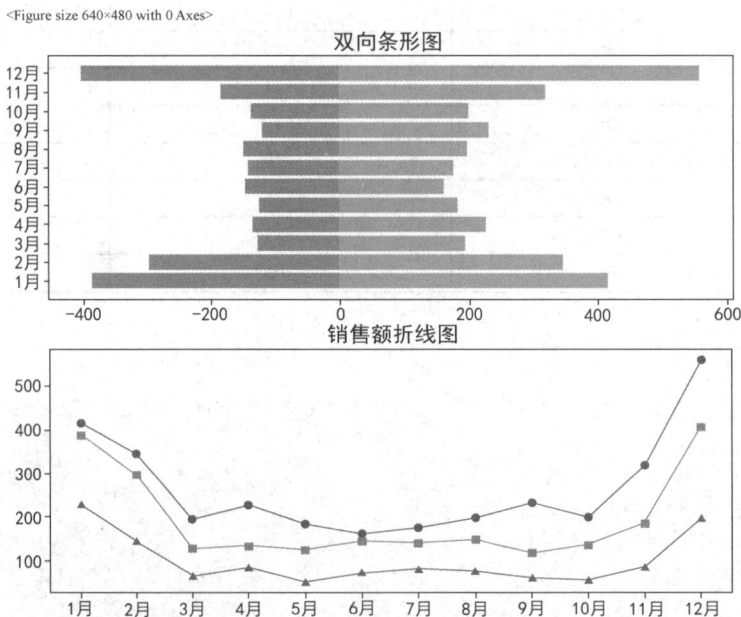

践悟行知

同舟共济，砥砺前行

团队精神是我们在人生航程中不可或缺的动力之源。一支团结的队伍，能冲破前路的风浪，共同驶向胜利的彼岸。若各自为战，则难以迎接挑战并克服困难。古人云"众志成城"，只有大家齐心协力，才能翻越高山，突破重重难关。在团队中，我们不仅要发挥自己的优势，更要学会倾听他人，互相支持与鼓励。如此，我们才能共同成长，共创佳绩。

精进不辍

一、判断题

1. 在 Pandas 中，使用 df.dropna()方法删除包含缺失值的所有行。 （ ）

2. 在 Matplotlib 中，plt.bar()函数用于绘制折线图。　　　　　　　　　（　　）

3. Series 是 Pandas 中的一维数据结构，类似于一维数组，但其索引可以是任何不可变数据类型。　　　　　　　　　　　　　　　　　　　　　　　　　　　　（　　）

4. 使用 df.loc[]只能通过索引来选择 DataFrame 中的行或列，而不能使用标签。（　　）

5. 在绘制柱状图时，width 参数决定了柱形的宽度。　　　　　　　　　　（　　）

6. Pandas 是一个专门用于数据清洗和合并的 Python 库。　　　　　　　（　　）

7. Pandas 中的 groupby()函数仅支持按单列对数据进行分组。　　　　　　（　　）

8. 使用 describe()函数可以快速获取 DataFrame 中数值型数据的统计摘要，包括计数、平均值、标准差、最小值、最大值等。　　　　　　　　　　　　　　　　（　　）

9. 使用 groupby()函数对数据分组后，可以直接对分组结果应用聚合函数，如 sum()、mean()等，而无须进一步操作。　　　　　　　　　　　　　　　　　　　（　　）

10. 在 Pandas 中，isnull()函数用于检测 DataFrame 中的缺失值，并返回与原 DataFrame 形状相同的布尔型 DataFrame。　　　　　　　　　　　　　　　　　　（　　）

11. 使用 pd.concat()时，可以通过 join 参数指定连接方式。　　　　　　（　　）

12. 在 pd.merge()中，how 参数默认为"inner"，表示内连接。　　　　　（　　）

13. Matplotlib 的 plt.style.use()可以用于设置全局样式。　　　　　　（　　）

14. 在 Matplotlib 中，plt.xlabel()和 plt.ylabel()可以用于设置坐标轴的标签。（　　）

15. df.loc 主要用于基于标签的选择，而 df.iloc 主要用于基于位置的选择。（　　）

二、选择题

1. 下列（　　）可以用于筛选出满足特定条件的行。
　　A．df.filter()　　　　B．df.select()　　　　C．df.query()　　　　D．df.extract()

2. 下面（　　）可以去除数据中重复的行，并保留第一次出现的记录。
　　A．drop_duplicates()　　　　　　　　B．remove_duplicates()
　　C．delete_duplicates()　　　　　　　D．unique()

3. 在 Matplotlib 中，设置图表的标题采用（　　）。
　　A．plt.title()　　　　B．plt.caption()　　　　C．plt.label()　　　　D．plt.text()

4. 在 Pandas 中，用于检查 DataFrame 是否有缺失值的方法是（　　）。
　　A．df.isnull()　　　　B．df.null()　　　　C．df.missing()　　　　D．df.check_null()

5. 下列（　　）函数可以用来查看 DataFrame 的前几行数据。
　　A．df.head()　　　　B．df.tail()　　　　C．df.info()　　　　D．df.describe()

6. 在 Pandas 中，如果你想将两个 DataFrame 按照指定列进行合并，应该使用（　　）。
　　A．groupby()　　　　B．merge()　　　　C．concat()　　　　D．append()

7. 假设你有一个 DataFrame，想要查看每列的最大值和最小值，应该使用（　　）。
　　A．describe()　　　　　　　　　　　　B．max()
　　C．min()　　　　　　　　　　　　　　D．idxmax()和 idxmin()

8. 在 Pandas 中，如果你想要将两个 DataFrame 沿着列方向合并，并且希望保留所有索引，应该设置 concat()函数的（　　）。
　　A．axis=0　　　　B．axis=1　　　　C．join='inner'　　　　D．join='outer'

9. 假设你有一个 DataFrame，想要根据某列的值对数据进行排序，应该使用（　　　）。

    A. sort()　　　　　　B. sort_values()　　　　C. order()　　　　　　D. sorted()

10. 以下（　　　）函数用于将 DataFrame 的索引重置为默认的整数索引。

    A. reset_index()　　　B. reindex()　　　　　　C. set_index()　　　　D. drop_index()

11. 在 Pandas 中，实现一对一的数据合并采用（　　　）。

    A. pd.concat([df1,df2],axis=0)　　　　　　B. pd.merge(df1,df2,on='key')

    C. pd.join(df1,df2)　　　　　　　　　　　D. pd.union(df1,df2)

12. 指定 Pandas 合并操作中的连接列采用（　　　）。

    A. 使用 on 参数　　　　　　　　　　　　B. 使用 left_on 和 right_on 参数

    C. 使用 index 参数　　　　　　　　　　　D. 以上都可以

13. 按条件筛选 DataFrame 中的数据采用（　　　）。

    A. df[df['column']>value]　　　　　　　B. df.where(df['column']>value)

    C. df.filter(df['column']>value)　　　　　D. df.select(df['column']>value)

14. 在 Matplotlib 中绘制一个简单的折线图采用（　　　）。

    A. plt.plot(x,y)　　　B. plt.scatter(x,y)　　　C. plt.bar(x,y)　　　D. plt.hist(x,y)

15. Pandas 中，计算 DataFrame 某一列的平均值应该使用（　　　）。

    A. mean()　　　　　　B. sum()　　　　　　　C. std()　　　　　　D. var()

三、操作题

1. 分类记录一个人一个月的消费支出，如餐饮费、网络购物费、手机费、社交费等，运用 Matplotlib 设计程序绘制饼图，并进行个性化设置与美化。

2. 分析销售数据，完成如下操作。

数据加载：加载"销售数据-操作"到 Pandas 的 DataFrame。

数据预处理：检查并处理缺失值，将 Date 列转换为日期格式，创建新列 Total，表示每笔交易的总金额（Quantity × Price）。

数据探索：计算每个地区的总销售额，找出最畅销的产品，按月份统计总销售额。

数据可视化：绘制每个地区的总销售额柱状图。